时令尝鲜

80道精选时令食谱，
Norma教你轻奢美食。

Norma 著

化学工业出版社
悦读名品出版公司

图书在版编目（CIP）数据

日日煮：时令尝鲜／Norma 著. 一 北京：化学工业出版社，2017.2
（日日煮系列）
ISBN 978-7-122-28939-1

Ⅰ. ①日… Ⅱ. ①N… Ⅲ. ①食谱 Ⅳ. ①TS972.12

中国版本图书馆CIP数据核字（2016）第325293号

责任编辑：王占景 王冬军　　装帧设计：王 静
责任校对：宋 玮

出版发行：化学工业出版社（北京市东城区青年湖南街13号 邮政编码100011）
印　　装：鸿博昊天科技有限公司
开　　本：787mm×1092mm 1/16 印张：11¾ 字数：100千字
2017年2月北京第1版第1次印刷

购书咨询：010-64518888（传真：010-64519686）
售后服务：010-64518899
网　　址：http：//www.cip.com.cn
凡购买本书，如有缺损质量问题，本社销售中心负责调换。

定　　价：49.80元

献给一直在支持我们的粉丝、投资人和合作伙伴，

感谢你们的信任让我们一路成长！

目录 · contents

春

Spring

树下肉丝、菜汤上，飘落樱花瓣。

夏

Summer

梅子流酸溅齿牙，芭蕉分绿上窗纱。

秋 Autumn

秋风起，思吴中菰菜羹、鲈鱼脍。

冬 Winter

雪融艳一点，当归淡紫芽。

Spring

抹茶是春天的专属色，
无论格子曲奇、紫薯铜锣烧还是雪糕，
都拜抹茶君所赐，
给舌尖带来开年第一抹新绿。

梅子和车厘茄的酸，
搭配蜂蜜的甜，
叫醒懒洋洋的味蕾。

三文鱼寿司卷最爱漂亮，
抢在春天之前开出一朵花来；
春风催我沏春茶，
莫负好春光。

春

红豆羊羹

羊羹早期是一种加入羊肉煮成的羹汤，再冷却成冻佐餐。后期羊羹传至日本，逐渐演化成为一种以豆类制成的果冻形食品，并成为了茶道中的一种著名茶点。经典的红豆口味羊羹，使用了大量补铁补血的红豆蓉，是女性的最佳滋补甜品。

食材

红豆蓉 …… 400克
熟栗子肉 …… 200克
水 …… 300毫升
洋菜粉 …… 4克
盐 …… 少许

做法

1. 准备一个锅，加入水及洋菜粉拌匀。
2. 将洋菜粉水煮至微滚，直至洋菜粉完全溶化。
3. 加入红豆蓉拌匀。
4. 加入少许盐拌匀，放凉3-5分钟。
5. 将一半红豆溶液倒入模具中，在室温中放置5分钟至略为凝固。
6. 将熟栗子肉平均铺在已凝固的红豆溶液上，然后倒入余下的红豆溶液。
7. 将红豆溶液放凉至室温，然后放入雪柜冷藏2小时。
8. 将成品切块即成。

红枣莲子银耳鸡蛋茶

红枣一直是物美价廉、养颜补血的美容圣品，配合鸡蛋，再加入养心安神的莲子和滋阴润肺的银耳，经过炖煮，便成为了一款备受女性青睐的美味甜汤。

食材

红枣（去核）……8-10颗
莲子……20粒
雪耳……1朵
熟蛋（去壳）……2个
冰糖……30克
水……1升

做法

1. 银耳洗净后泡软，切去硬芯，然后切件。
2. 红枣洗净后泡软。
3. 莲子洗净后泡软，去芯。
4. 大火煮开一锅水，加入银耳，转中火煮30分钟。
5. 加入红枣、莲子、鸡蛋及冰糖再煮30分钟即成。

简易菠萝牛肉薄饼

这是一道适合上班族的简易午餐。用现成的牛肉片和口袋面包做饼底，方便快捷又有趣。菠萝等食材与牛肉搭配出意想不到的好味，牛肉也能帮助你补充能量，而且还不用担心变胖哦。

食材

牛肉片 ………… 200克
口袋面包 ………… 2片
菠萝 ………… 2片
茄膏 ………… 20克
酸姜 ………… 30克
日式蛋黄酱 ………… 40克
马苏里拉芝士碎 ………… 50克
车打芝士碎 ………… 50克
绍兴酒 ………… 1汤匙
盐 ………… 适量

做法

❶ 预热烤箱至220摄氏度。
❷ 煮开一锅水，加入绍兴酒、盐及牛肉片煮熟，沥干备用。
❸ 将菠萝切块。
❹ 在口袋面包上抹上茄膏，撒上车打芝士碎。
❺ 放上牛肉片、酸姜及菠萝。
❻ 撒上马苏里拉芝士碎，然后放入烤箱烤8-10分钟至芝士融化及面包变成金黄色。
❼ 挤上日式蛋黄酱即成。

咖喱金枪鱼飞碟

用面包夹馅料而成的飞碟三明治最适合做下午茶。如果没有三明治机，用煎锅也可轻松做到啊！记得把馅料塞得满满的，吃下去大满足。

食材

罐头金枪鱼肉（沥干拆碎）…… 1罐
黄瓜（切片）…… ¼根
牛奶面包 …… 4片
洋葱（切粒）…… ¼个
红萝卜（切粒）…… ¼条
土豆（切粒）…… 1小个
日本咖喱块 …… 1块
水 …… 100毫升
黄油（软化）…… 适量

做法

1. 用中火烧热锅，加少许油，加入洋葱、红萝卜及土豆粒炒至金黄色。
2. 加入水煮至沸腾，直至蔬菜变软。
3. 熄火，加入咖喱块搅拌至溶化。
4. 加入金枪鱼肉拌匀。
5. 在面包一面抹上黄油，放上黄瓜及咖喱金枪鱼，放上另一块白面包。
6. 将面包皮切去，放入飞碟机烘至金黄色。
7. 即成。

烤鸡蛋南瓜圈

利用食材的形状特性，配合鸡蛋就可以做出有趣的菜式。把小南瓜切片，挖掉籽，中心部分正好能放入鸡蛋一起煮，轻轻松松就做出既漂亮又有营养的早餐。

食材

- 日本南瓜 …… 1个
- 鸡蛋 …… 4个
- 火腿 …… 2片
- 洋葱 …… ¼个
- 葱花 …… 适量
- 盐及黑胡椒 …… 适量
- 橄榄油 …… 适量

做法

1. 预热烤箱至180摄氏度。
2. 南瓜切片成圈状，去籽。
3. 将洋葱及火腿切丁。
4. 将南瓜放在垫有油纸的烤盘上，并加入盐、黑胡椒及橄榄油调味。
5. 放入烤箱烤15-20分钟直至金黄色。
6. 用中高火烧热锅，加少许油，炒香洋葱及火腿，盛起。
7. 将鸡蛋放在南瓜圈内，撒上火腿粒，放入烤箱烤10分钟至鸡蛋凝固。
8. 小心移到碟子上，撒上葱花即成。

凉拌辣鱿鱼

鱿鱼口感Q弹有嚼劲，配搭爽脆的洋葱、黄瓜和车厘茄，再用韩式辣酱及蜂蜜等调味，立即有韩式前菜的感觉。

食材

鱿鱼（中型）……2只
洋葱……½个
黄瓜……½根
车厘茄……6颗
葱粒及香菜碎……适量
白芝麻……适量
酱汁食材
◎蒜蓉……2汤匙
◎姜蓉……2汤匙
◎韩式辣酱……1汤匙
◎寿司醋……2汤匙
◎蜂蜜……2汤匙
◎生抽……1汤匙
◎麻油……1汤匙

做法

❶ 洋葱切丝，黄瓜切片，车厘茄对半切。
❷ 洗净鱿鱼，用刀在鱿鱼表面上划十字纹，然后切件。
❸ 煮沸一锅水，加入鱿鱼汆水1分钟，沥干备用。
❹ 将蒜蓉、姜蓉、韩式辣酱、寿司醋、蜂蜜、生抽、麻油拌匀成酱汁。
❺ 鱿鱼加入洋葱、黄瓜、车厘茄、酱汁拌匀。
❻ 撒上葱粒、香菜碎及白芝麻即成。

梅浸蜂蜜车厘茄

酸酸甜甜的车厘茄既可生吃又可熟食，小小一颗做凉拌菜式更是适合，简单用话梅和蜂蜜来腌制，即成为酸甜可口的开胃菜。

食材

车厘茄	10个
话梅	5个
樱桃萝卜	2个
蜂蜜	3汤匙
柠檬汁	15毫升

做法

1. 话梅浸在热水中，放凉至水降到室温。
2. 洗净车厘茄，在底部用刀轻划十字。
3. 樱桃萝卜切片。
4. 煮沸一锅水，加入车厘茄焯10秒。
5. 捞起车厘茄，浸在冰水中，然后去皮。
6. 在话梅水中加入蜂蜜及柠檬汁，加入车厘茄及樱桃萝卜片。
7. 放入冰箱冷藏2小时即成。

免烤抹茶芝士蛋糕杯

芝士蛋糕向来是甜品界的女王，就算是怕胖的女生都禁不住它的香浓芝士诱惑，更何况加入诱人的抹茶味道？这次教大家做一个免烤版，不用烤箱都可以轻松享受DIY的抹茶美味。

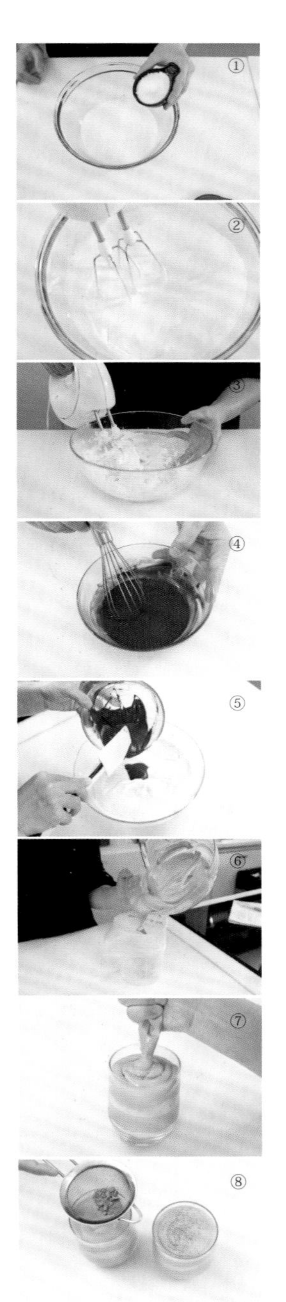

食材

奶油芝士（放室温软化）…… 250克
淡奶油 …… 250毫升
白砂糖 …… 60克
抹茶粉 …… 2汤匙
消化饼干碎 …… 适量
抹茶粉（撒面用）…… 适量

做法

1. 淡奶油加入白砂糖。
2. 打发至中性发泡呈鸡尾状。
3. 将奶油芝士打至软身，加入淡奶油拌匀。
4. 抹茶粉加入少许热水拌匀至溶化。
5. 将抹茶浆加入奶油芝士中拌匀。
6. 将抹茶芝士浆加入裱花袋中。
7. 玻璃杯中加入一层消化饼干碎，裱入抹茶芝士浆，重复此步骤。
8. 放入冰箱冷藏30分钟，撒上抹茶粉即成。

抹茶格子曲奇

抹茶控和格子控有福了！将原味曲奇和抹茶曲奇面团结合起来，花少许时间拼成格子状，曲奇的卖相立即提升不少，而且还能同时品尝到两种味道。

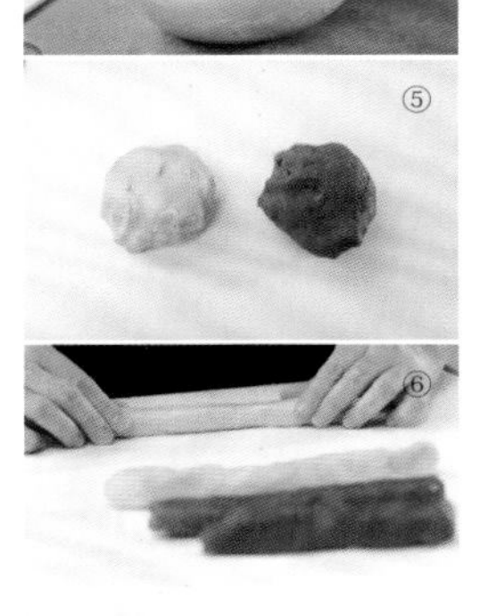

食材

中筋粉	250克
无盐黄油（软化）	170克
白砂糖	50克
蛋黄	2个
抹茶粉	1汤匙
香草精	1茶匙
盐	少许

做法

1. 预热烤箱至180摄氏度。
2. 用电动打蛋器将黄油打发。
3. 加入白砂糖、蛋黄、香草精拌匀。
4. 筛入中筋粉及盐拌匀成面团。
5. 将面团分成两半，其中一半加入抹茶粉搓匀。
6. 将面团再各分成两半，将4份面团搓成同样大小的长条状。
7. 铺上油纸，将面团排成格子状。用油纸包紧，将面团黏在一起搓成方形，放入冰箱冷藏1小时。
8. 取出面团，将面团切成2厘米厚的饼干胚，摆放在烤盘里。
9. 将摆好的饼干胚放入烤箱烤10-12分钟至金黄色。
10. 取出放凉即成。

抹茶红豆雪糕

抹茶红豆雪糕，又叫做“宇治金时”，是一款日本传统刨冰。宇治是指以出产抹茶而闻名的宇治县，金时是指名为“金时豆”的红豆。这次教你的抹茶红豆雪糕做法超级简单，不用雪糕机，只需冰箱就可以轻松完成哦。

食材

淡奶油	340毫升
炼乳	170毫升
抹茶粉	2汤匙
热水	4汤匙
蜜红豆	200克

做法

1. 将热水及抹茶粉拌匀至没有颗粒。
2. 准备一个大碗，加入抹茶浆和炼乳拌匀。
3. 用电动打蛋器将淡奶油打发至中性发泡呈鸡尾状，然后加入抹茶浆拌匀。
4. 加入蜜红豆轻手拌匀。
5. 将雪糕浆倒入密封容器中，放入冰箱冷藏过夜至凝固。
6. 即成。

食材

鸡翅中	8个	生粉	适量	飞鱼籽汁食材	
虾胶	100克	鸡肉腌料		◎蛋黄酱	3汤匙
车打芝士	50克	◎绍兴酒	1汤匙	◎飞鱼籽	1汤匙
马苏里拉芝士	50克	◎蜂蜜	1汤匙	◎米醋	1汤匙
葱花	20克	◎生抽	½汤匙	◎酸姜（切碎）	1汤匙
盐及白胡椒粉	适量	◎白胡椒粉	适量		

做法

1. 将车打芝士及马苏里拉芝士切条，与鸡翅同样长度。
2. 将虾胶、葱花、盐及白胡椒粉拌匀。
3. 准备一个碗，加入蛋黄酱、米醋、酸姜及飞鱼籽拌匀成飞鱼籽汁，放入冰箱冷藏30分钟。
4. 将鸡翅去骨。
5. 将虾胶酿入鸡翅中，中间放入车打芝士及马苏里拉芝士。
6. 用牙签将鸡翅固定，加入绍兴酒、蜂蜜、生抽及白胡椒粉腌20分钟。
7. 将鸡翅沾上生粉，油炸至金黄色。
8. 捞起鸡翅放在厨房纸上吸去多余油分，取出牙签，伴以飞鱼籽汁即成。

芝士酿鸡翅配飞鱼籽汁

很多人都不爱吃有骨的食物，但对鸡翅却没有免疫能力。如果将鸡翅骨也去掉，酿入爽弹的虾胶和味道浓郁的芝士，相信无论谁都会忍不住口吧！配以酸酸甜甜的飞鱼籽汁，你吃过后一定爱上！

抹茶紫薯铜锣烧

提起铜锣烧，都知道是哆啦A梦最喜欢吃的点心，一般是用两片饼皮夹着豆沙馅。这次做的紫薯抹茶口味，无论是颜色还是味道都比豆沙味更具吸引力，而且立体造型更有新意哦！

食材

鸡蛋 …… 2个
白砂糖 …… 70克
蜂蜜 …… 1汤匙
低筋粉 …… 130克
抹茶粉 …… 3茶匙
泡打粉 …… ½茶匙
牛奶 …… 100毫升
清水 …… 适量
紫薯蓉 …… 适量

做法

1. 鸡蛋打发，分3次加入白砂糖打发，然后加入蜂蜜打发至浓厚平滑。
2. 加入牛奶拌匀。
3. 筛入低筋粉、抹茶粉及泡打粉拌匀。
4. 将面糊包上保鲜膜放置30分钟。
5. 如面糊太浓稠，加入适量水拌匀。
6. 用小火烧热平底锅，用厨房纸抹上薄薄一层油。
7. 加入适量面糊成椭圆形。
8. 煎至开始起泡，翻面煎10秒。
9. 将铜锣烧再次翻面，放上适量紫薯蓉，将铜锣烧两端折起捏紧，放凉即成。

三文鱼黄瓜花寿司卷

一般寿司卷物都是圆形的，其实只要把食材摆位改变一下，把卷物做成水滴状，拼起来就变成漂亮的花状寿司。

食材

刺身三文鱼	200克
白饭	300克
黄瓜	1根
寿司紫菜	4片
鸡蛋	3个
寿司醋	40毫升
细砂糖	20克
盐及胡椒粉	适量

做法

1. 白饭中加入寿司醋、砂糖拌匀。
2. 三文鱼、黄瓜切条。
3. 将鸡蛋打散，加入盐、胡椒粉调味。
4. 用中火烧热锅，加少许油，加入蛋液煎成蛋皮，盛起。
5. 竹席上放上紫菜，将白饭铺满紫菜一半位置。
6. 将蛋皮放在白饭上，再放上三文鱼。将黄瓜条放在白饭边沿位置。
7. 卷起竹席，将寿司卷成水滴状。
8. 将寿司切件即成。

莎莎酱冻豆腐

莎莎酱（Salsa sauce）是墨西哥菜肴里经常出现的酱料，以西红柿为主要材料，味道清新开胃，简单配以豆腐就可以成为清新开胃的凉拌菜。

食材

软豆腐……1块
紫洋葱……1个
西红柿……1个
香菜（切碎）……1根
青柠檬（榨汁）……1个
橄榄油……15克
盐……3克
黑胡椒……少许

做法

1. 豆腐沥干水后切件。
2. 紫洋葱及西红柿切成幼粒。
3. 准备一个碗，加入紫洋葱、西红柿、⅔香菜碎、青柠檬汁、橄榄油、盐及黑胡椒成莎莎酱。
4. 将莎莎酱放在豆腐上，即成。

鲜果酸奶薄饼

水果如何做薄饼？燃烧你的创意小宇宙吧！用西瓜横切面做饼底，加上你喜欢的鲜果，切成薄饼形状，立即成为有创意又健康的鲜果甜品。

食材

西瓜 ······ 1片
猕猴桃 ······ 3个
香蕉 ······ 适量
蓝莓 ······ 适量
希腊酸奶 ······ 适量
椰丝 ······ 适量
蜂蜜 ······ 适量

做法

1. 猕猴桃及香蕉去皮切片。
2. 蓝莓洗净。
3. 在西瓜上抹上希腊酸奶。
4. 在酸奶上均匀放上水果，淋上蜂蜜。
5. 撒上椰丝即成。

培根芝士云朵蛋

云朵蛋（Egg in a cloud）是一道见到就叫人心动的早餐小吃，利用蛋白的特性把它打至松发，就像白云的模样，然后烘成金黄色后，入口就像棉花般轻柔，感觉非常梦幻。

食材

鸡蛋	3个
培根	2片
香葱（切碎）	20克
帕玛森芝士碎	40克
盐及黑胡椒	适量

做法

❶ 预热烤箱至220摄氏度。
❷ 将培根切成小块，放入煎锅炒脆，盛起放在厨房纸上吸去多余油分。
❸ 准备两只碗，分别打入蛋清和蛋黄。
❹ 将蛋清打发至挺身。
❺ 在蛋清中加入帕玛森芝士碎、葱花及培根粒，轻轻拌匀。
❻ 将蛋清分成四份放在油纸上，每一份中间挖一个洞。
❼ 将蛋清放入烤箱烤3分钟，取出后在洞内放入蛋黄。
❽ 撒上盐及黑胡椒，再放入烤箱烤2-3分钟至金黄色。
❾ 即成。

椰香咖喱鸡
伴薄饼

吃印度咖喱一般伴有薄饼同吃，其实煮日本咖喱也可以啊！这款椰香咖喱鸡加入了椰汁、椰糖、柠檬叶等材料，增添了一点亚洲风味。

食材

鸡腿肉	300克
彼得包薄饼	2块
洋葱	½个
干葱头	1粒
蒜头	2瓣
指天椒	2个
柠檬叶	2片
日本咖喱块	2块
椰汁	400毫升
椰糖	1汤匙
盐及黑胡椒	适量
香菜	适量

做法

1. 洋葱、干葱头、蒜头及指天椒切碎。
2. 鸡腿肉切件，加盐及黑胡椒调味。
3. 用中火烧热锅，加少许油，加入蒜头、干葱头及洋葱炒香。
4. 加入鸡肉炒至金黄色。
5. 加入撕碎的柠檬叶及指天椒炒匀。
6. 加入椰汁煮开，熄火，然后加入咖喱块及椰糖搅拌至溶化上碟，撒上香菜。
7. 烧热锅，放入彼得包薄饼烘至金黄色。
8. 彼得包薄饼切件，伴以椰香咖喱鸡即成。

椰汁芒果黑糯米

黑糯米是近年国际流行的健康食材，因其含有丰富的营养和补气养血的功效，又被称作"补血米"。黏软的黑糯米搭配清甜椰汁和香甜芒果，口感香滑，甜而不腻，回味无穷。

食材

食材	用量
黑糯米	100克
糯米	100克
芒果	1个
火龙果	½个
椰汁	500毫升
冰糖	适量
砂糖	适量

做法

1. 将黑糯米及糯米洗净后浸泡一夜。
2. 沥干后放入电饭锅中，加入同等份量的水煮熟。
3. 当糯米饭煮熟后，加砂糖调味（按个人口味调节分量），放凉至室温。
4. 芒果及火龙果去皮切片。
5. 将椰汁煮至微滚，加入冰糖煮至溶化，关火放凉。
6. 用汤匙将糯米饭弄成球状，放在碗中，加入芒果及火龙果，加入椰汁至一半高即成。

食材

蚬	600克
粉丝	50克
芥菜疙瘩	50克
干葱	2个
姜	20克
葱	20克
水	500毫升
砂糖	1汤匙
盐及白胡椒粉	适量

做法

1. 蚬泡在盐水中30分钟吐沙。
2. 粉丝泡软，沥干备用。
3. 干葱及姜切片；切葱花；芥菜疙瘩泡水20分钟，然后切丝。
4. 烧热锅，加少许油，炒香姜片及干葱片。
5. 加入水、盐及芥菜疙瘩煮开。
6. 加入蚬、粉丝煮开，盖上锅盖煮2-3分钟直至蚬口打开，加糖及白胡椒粉调味。
7. 撒上葱花即成。

油盐水粉丝煮蚬

油盐水是渔家菜常见的煮法，简单的调味搭配海鲜，更能突显出食材的鲜味。这道油盐水粉丝煮蚬的材料和做法都很简单，味道却令人赞口不绝，今晚就试试吧。

芝心鸡蛋吐司

鸡蛋、芝士、面包都是早餐常见的配搭食材，如何做到与众不同的组合？试试这款芝心鸡蛋吐司吧！将面包挖洞，鸡蛋藏在面包中，再加上香浓芝士，给你多重滋味享受。

食材

鸡蛋	2个
吐司	4片
车打芝士	4-6片
马苏里拉芝士碎	20克
黄油（软化）	适量
盐	适量

做法

❶ 在两片吐司的一面抹上黄油。
❷ 其中一块面包，用圆形曲奇模印出圆洞。
❸ 用小火烧热煎锅，将有圆洞的面包黄油面朝下，煎至金黄色，盛起备用。
❹ 用同一个煎锅，将另一块面包黄油面朝下，在面包上放上车打芝士及马苏里拉芝士碎。
❺ 将有圆洞的面包放在完整面包上，在圆洞中加入鸡蛋及盐，盖上盖煎至蛋白凝固及芝士融化。
❻ 即成。

关于◎ kiki 富研

kiki 富妍，“牛奶咖啡”组合主唱，音乐人，HOKi 品牌主理人。

生活中，kiki 还是美食旅行撰稿人及插画作者。

她的专栏 " 福奇奇遇记 "，不论是探访城市古文化，还是相约有趣味之人，都希望以不寻常的视角发现世界的奇妙。

我算是个土生土长的北京丫头，口味多年未变。

北京人做饭，总有点粗中有细的意思，就像是北京人，大大咧咧中带着幽默和温柔。

在这个城市生活了三十余年，尤其是搬离内城后回望，更加体会到这个城市的好。植根于记忆的是四合院围拢起的净土，抬头望见的一方澄净天空，以及所有童年尝过的食物的味道。我明白，这是乡愁。

春天的院子，有自己的小生态，第一茬儿生发的便是香椿。小时候物资没现在这么丰富，吃食也有时令一说，招呼了一冬天的白菜豆腐，过了年就盼着换换口味。老家儿做饭的时候吩咐后辈：“去，摘把香椿芽儿去！”于是我们便到院儿里踮着脚尖掐上一小把嫩嫩的芽儿捧到灶台边，看着大人切末儿，打鸡蛋，和一起，热锅烧油刺啦一声下去翻炒，不到五分钟香椿鸡蛋就上了桌，就着烙饼再抹点自家炸的黄酱，别提多香了。

后来老城拆迁，搬出院子以后就少有这个光景了。我偶尔指着路边的树和家人说：“瞧，咱家院子里以前也有。”家人笑道：“这是臭椿啊！”

至今，我也不太能分清香椿和臭椿，我只知道，一到了春天便想念那口儿，趁着那么几天，在市场里踅摸最新鲜的香椿芽，欢喜着捧回厨房，和小时候一模一样。

四合院里的春天

达人推荐

香椿豆腐

食材

香椿……一小把
嫩豆腐……一块
盐……适量
香油……适量

做法

① 豆腐切小块焯水，静置冷却。
② 香椿焯水去青草气，切末。
③ 豆腐块、香椿加盐和香油轻拌。

香椿小百科

别名

香椿芽、香椿头、香椿铃、香铃子、香椿子

历史

香椿原产于中国。用椿芽作菜，大约始于唐代，确认于宋时。宋代苏颂的《图经本草》指明："椿木实而叶香，可口取。"金末元初元好问也有描写采椿芽的诗句："溪童相对采椿芽。"明朝《救荒本草》上说："采嫩芽炸熟，水浸淘净，油盐调食。"清代记载更多，民间有"门前一株椿，春菜常不断"之谚语和"雨前椿芽嫩无丝"之说。

时令

香椿芽以谷雨前为佳，宜吃早、吃鲜。

存储时间

3天

功效

- 清热解毒
- 健胃理气
- 润肤明目
- 杀虫

如何挑选香椿

枝叶呈红色、短壮肥嫩、香味浓厚、无老枝叶、长度在10厘米以内为佳。

储存方法

如果想长期保存，可以用开水稍微烫一下，用细盐搓一搓，然后装在小塑料袋内，放入冰箱冷冻室内，随取随用，一整年都可以吃。

小贴士

1. 在做菜前，先将洗净的香椿用开水略焯一下，香椿就会浓香四溢，又脆又嫩。
2. 香椿芽以谷雨前为佳，谷雨后，其膳食纤维老化，口感乏味，营养价值也会大大降低。且亚硝酸含量增加，对身体无益。
3. 中医认为，香椿为一种"发物"，多食易诱使痼疾复发，故慢性疾病患者应少食或不食为妥。
4. 民间常用香椿芽捣烂取汁敷面，以滋润肌肤，治疗面疾，美容养颜。

Summer

这个夏天我和咖喱有个约会，
说好一起去海边，
还要拉上海鲜作陪。

咖喱吃到喷火，
暑热在汗水里挥洒；
解辣有甜美木瓜，
尽可肆意一夏。

嚼一口泰式沙拉，
普吉岛的海风已经拂上我面；
芒果伴着椰香味，
椰林树影，如在眼前。

夏

电饭煲日式芝士蛋糕

焗蛋糕一定要用焗炉？未必！家中有普通电饭煲也可以做到，实在是懒人福音，这个周末你也试做一个吧！

食材

日本奶油芝士（软化）……200克
砂糖……80克
低筋粉……40克
鸡蛋……2个
淡奶油……200毫升
柠檬汁……1汤匙

做法

❶ 将奶油芝士、砂糖、柠檬汁及鸡蛋拌匀。
❷ 慢慢加入淡奶油，拌匀。
❸ 筛入低筋粉拌匀，至没有颗粒。
❹ 将拌好的面糊倒入电饭锅，按开始键，至蛋糕熟透。（将牙签插入蛋糕，然后取出，如果牙签没有粘上面糊即表示熟透。）
❺ 将整个锅取出放凉。
❻ 将蛋糕连锅放入冰箱冷藏1小时至凝固，脱锅即成。

香菇百合炒蜜糖豆

素食中常用到菇菌，鲜冬菇、百合和蜜糖豆同炒，不但颜色诱人，更能尝到各种材料清新鲜甜的味道。

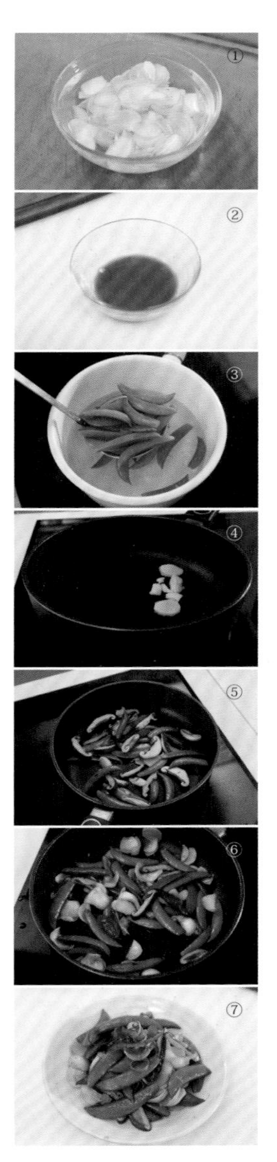

食材

鲜香菇（切丝）………… 8个
鲜百合 ………… 1个
蜜糖豆 ………… 100克
蒜头 ………… 1瓣
姜（切片）………… 1块
绍兴酒 ………… 2汤匙
葱（切丝）………… 适量

酱汁食材

◎水 ………… 4汤匙
◎生抽 ………… 1汤匙
◎生粉 ………… 1汤匙
◎砂糖 ………… ½汤匙
◎胡椒粉 ………… 适量

做法

❶ 将鲜百合洗净拆散，浸在水中以防变黑。
❷ 准备一个碗，加入水、生抽、生粉、砂糖及胡椒粉拌匀。
❸ 煮开一锅水，加入蜜糖豆汆水1分钟，沥干备用。
❹ 烧热锅，加少许油，炒香蒜头及姜片。
❺ 加入香菇及蜜糖豆炒匀。
❻ 加入绍兴酒及酱汁，煮至酱汁浓稠，加入鲜百合炒匀。
❼ 撒上葱丝，即成。

地瓜片配日式莎莎酱

薯片不一定是用土豆做的，用紫地瓜及黄地瓜也可以做出香脆的“薯片”！蘸着酸酸辣辣的日式莎莎酱，再配上一罐冰凉的啤酒，简直是夏日里的绝配！

食材

紫地瓜 ········· 1个
黄地瓜 ········· 1个
盐及黑胡椒 ········· 适量
日式莎莎酱食材
◎西红柿 ········· 1个
◎紫洋葱 ········· ¼个
◎玉米粒 ········· 40克
◎毛豆 ········· 50克
◎青柠檬（榨汁）········· 1个
◎日本豉油 ········· 1茶匙
◎味醂 ········· 1茶匙
◎香菜 ········· 适量
◎黑胡椒 ········· 适量

做法

❶ 紫地瓜及黄地瓜洗净切薄片。
❷ 准备炸锅，加入足够分量的油，将地瓜片炸至金黄松脆。
❸ 捞出放在厨房纸上吸去多余油分。
❹ 准备莎莎酱。西红柿及紫洋葱切细粒。
❺ 准备一个碗，加入西红柿、紫洋葱、玉米粒、毛豆、香菜、青柠檬汁、日本豉油、味醂及黑胡椒。
❻ 拌匀后配上地瓜片即成。

酱爆豆腐干炒肉丝

炒肉丝是一道用料和做法简单的家常菜，只要搭配不同材料，就可以有出无穷变化。这次加入甜面酱和豆腐干一起炒，味道浓郁，记得多准备一点米饭哦！

食材

猪肉……300克
豆腐干……3块
红辣椒……1个
蒜头（切片）……3瓣
甜面酱……2汤匙
绍兴酒……1汤匙
麻油……1汤匙
砂糖……1汤匙
镇江醋……1茶匙
白芝麻粒……适量
葱丝……适量
猪肉腌料
◎绍兴酒……1汤匙
◎生抽……1汤匙
◎生粉……1汤匙
◎砂糖……1茶匙
◎胡椒粉……适量

做法

1. 猪肉切片，加入绍兴酒、生抽、生粉、砂糖及胡椒粉腌20分钟。
2. 豆腐干及红辣椒切片。
3. 将甜面酱、绍兴酒、麻油、砂糖及镇江醋拌成酱汁。
4. 中高火烧热锅，加少许油，加入猪肉片炒至半熟，盛起备用。
5. 同一个锅炒香蒜片及红辣椒。
6. 加入酱汁、猪肉及豆腐干，煮至猪肉熟透。
7. 撒上葱丝及白芝麻粒即成。

食材

乌冬面 …… 1包
洋葱 …… ¼个
日本咖喱块 …… 1块
虾 …… 4只
青口贝 …… 2只
鱿鱼（小）…… 1只
蒜头 …… 1瓣
盐及胡椒粉 …… 适量
葱（切段）…… 适量

做法

❶ 蒜头切片，洋葱切丝。
❷ 洗净虾及青口贝；鱿鱼切圈。
❸ 煮开一锅水，加入乌冬面煮至散开，捞起沥干备用。
❹ 取100毫升煮乌冬面的水，加入咖喱块搅拌至溶化。
❺ 用中高火烧热锅，加少许油，加入蒜片及洋葱炒香。
❻ 加入虾、鱿鱼、青口贝快炒1分钟。
❼ 调至中火，加入乌冬面及咖喱汁炒匀，加盐及胡椒粉调味。
❽ 撒上葱段即成。

咖喱海鲜炒乌冬面

每一条乌冬均匀沾上味道浓郁的咖喱汁，配上多种海鲜的鲜味，这款咖喱海鲜炒乌冬的美味一定令你难以抗拒。

苦瓜黄豆无花果猪骨汤

带苦味的蔬菜有清热去火的作用，最适合夏天食用。这款汤品配搭苦瓜常见的拍档黄豆，再加入无花果干，令汤更清甜可口。

食材

苦瓜 ………… 1条
猪排骨 ………… 200克
黄豆 ………… 40克
无花果干 ………… 2颗
蜜枣 ………… 2颗
盐 ………… 适量

做法

❶ 将黄豆泡水3-4小时。
❷ 将无花果干泡水1小时。
❸ 苦瓜去籽后切件。
❹ 苦瓜加少许盐腌10分钟，然后冲水洗净。
❺ 烧开一锅水，将猪排骨汆水5-8分钟，沥干备用。
❻ 将猪排骨、黄豆、无花果及蜜枣放入汤锅，加入适量水直至没过所有材料。
❼ 煮开后，转中火，盖上盖煮1小时。
❽ 加入苦瓜再煮30-45分钟。
❾ 加入盐调味，即成。

苦瓜咸蛋蒸肉饼

苦瓜是夏季养生饮食最常见的一种食物，用蒸的方式可以保留食材的营养，加入咸蛋及猪肉做成肉饼，既好吃又健康！

食材

猪腱肉 …… 100克
梅花肉 …… 200克
苦瓜 …… ¼条
咸蛋 …… 1个
葱花 …… 适量
猪肉腌料
◎鸡蛋（取蛋清）…… 1个
◎水 …… 50毫升
◎绍兴酒 …… 1汤匙
◎生抽 …… 1汤匙
◎麻油 …… 1汤匙
◎生粉 …… 1汤匙
◎砂糖 …… 1茶匙
◎胡椒粉 …… 适量

做法

❶ 将苦瓜切半去籽，切成小块。
❷ 烧开一锅水，将苦瓜汆水2分钟，捞起沥干备用。
❸ 将猪腱肉及梅花肉洗净切片，再剁碎。
❹ 准备一只碗，加入猪肉、蛋清、绍兴酒、生抽、麻油、生粉、砂糖及胡椒粉拌匀。
❺ 慢慢加入水，拌匀至猪肉顺滑。加入苦瓜，拌匀后静置20分钟。
❻ 将猪肉放到碟上，加入咸蛋黄。
❼ 蒸大约10-12分钟或直至猪肉熟透。
❽ 撒上葱花，即成。

榴莲糯米糍

口感筋道软糯的糯米糍，再配上香浓的榴莲蓉馅，每一口都是夏日的味道！

食材

- 榴莲肉 …… 100克
- 糯米粉 …… 150克
- 薯粉 …… 40克
- 砂糖 …… 50克
- 牛奶 …… 250毫升
- 大豆油 …… 25毫升
- 椰丝 …… 适量
- 熟糯米粉 …… 适量

做法

1. 用搅拌机将榴莲肉打至微碎。
2. 准备一个碗，加入糯米粉、薯粉、砂糖及大豆油拌匀。
3. 慢慢加入牛奶搅拌至没有颗粒。
4. 在碟上刷上一层油，将混合物倒到碟上，用保鲜膜包好，蒸15分钟，待凉。
5. 将椰丝及熟糯米粉拌匀。
6. 将一小撮面团，放在保鲜膜中间。
7. 轻轻将面团推开，中间放入榴莲肉。
8. 把保鲜膜拉紧，将面团搓成球状。
9. 将糯米糍沾上椰丝混合物。
10. 即成。

糯米蒸肉丸

这个糯米肉丸，蒸出来后软软糯糯的。肉馅中加了虾米、香菇及马蹄等香口爽脆的材料，一口一个，大小刚刚好。

食材

荷叶（用水泡软）…… 1个
猪肉末 …… 250克
糯米 …… 150克
虾米 …… 20克
干香菇 …… 2个
蒜头 …… 2瓣
马蹄 …… 3个
香菜（切碎）…… 适量
猪肉腌料
◎绍兴酒 …… 1汤匙
◎生抽 …… 1汤匙
◎砂糖 …… 1茶匙
◎麻油 …… 1茶匙
◎胡椒粉 …… 适量

做法

❶ 将糯米洗净，用水浸泡最少3－4小时。
❷ 将虾米、干香菇浸水变软后切粒。
❸ 将蒜头切末；马蹄切幼粒。
❹ 准备一只碗，加入猪肉末、马蹄、蒜蓉、虾米、香菇、绍兴酒、生抽、砂糖、麻油及胡椒粉。
❺ 用筷子以同一方向搅拌8-10分钟，或直至呈黏性。
❻ 将荷叶铺在竹蒸笼内。
❼ 将混合物搓成球状，沾上糯米。
❽ 将糯米肉丸放入蒸笼内，蒸大约20分钟或直至糯米熟透。
❾ 撒上香菜碎，即成。

咖喱牛肉汉堡扒伴卷心菜沙拉

咖喱和牛肉汉堡扒都是很有家庭风味的日本菜，两者除了配搭白饭吃，在夏天不妨伴以味道清新的卷心菜沙拉，给你耳目一新的感觉。

食材

牛肉末 …… 250克
洋葱 …… ¼个
鸡蛋 …… 2个
面包糠 …… 20克
盐及胡椒粉 …… 适量

咖喱汁料

- ◎土豆（切粒） …… 1小个
- ◎红萝卜（切粒） …… 1小个
- ◎日本咖喱块 …… 2块
- ◎水 …… 200毫升

卷心菜沙拉食材

- ◎卷心菜 …… ¼个
- ◎黄瓜 …… ¼根
- ◎车厘茄 …… 4个
- ◎日式蛋黄酱 …… 适量
- ◎黑白芝麻粒 …… 适量

做法

❶ 洋葱切幼粒，加入牛肉末、1个鸡蛋、面包糠、盐及胡椒粉拌匀。
❷ 将牛肉搓成肉饼状，放入冰箱冷藏30分钟。
❸ 用中高火烧热锅，加少许油，加入牛肉饼煎至理想的生熟程度，盛起。牛肉汉堡扒制作完成。
❹ 制作咖喱汁。用中高火烧热锅，加少许油，加入土豆粒炒至金黄色。
❺ 加入红萝卜粒和水，煮至微开，加入咖喱块搅拌至溶化，熄火。
❻ 制作卷心菜沙拉。将卷心菜切丝；黄瓜切片；车厘茄切半。
❼ 将卷心菜丝、黄瓜丝及车厘茄拌匀，上盘，挤上蛋黄酱，撒上黑白芝麻粒。
❽ 将牛肉汉堡上盘放在沙拉旁，淋上咖喱汁。
❾ 用中火烧热锅，加少许油，加入鸡蛋煎荷包蛋，放在咖喱汁上即成。

食材

大米	200克
玉米粒	100克
牛肉末	100克
白玉菇	50克
鲜香菇	4个
胡萝卜	¼根
鲣鱼汤料	1汤匙
生抽	1汤匙
胡椒粉	适量

做法

❶ 大米洗净。
❷ 白玉菇切去蒂根；鲜香菇切片。
❸ 红萝卜切丁。
❹ 将大米放在电饭煲中，加入适量水、鲣鱼汤料、生抽及胡椒粉拌匀。
❺ 放上牛肉末、玉米粒、胡萝卜、白玉菇及鲜香菇。
❻ 按开始键。煮熟后再放置10分钟即成。

双菇玉米牛肉饭

电饭煲经常用来煮白米饭，其实煮饭的时候把食材一起加进去，煮一锅有味道的饭，是近年的流行做法，既方便快捷，又充满营养。

荷包蛋牛油果酱面包薄饼

白面包是很百搭的食材，用来做薄饼也可以，这款荷包蛋牛油果酱面包薄饼最适合作为周末早餐来享用。

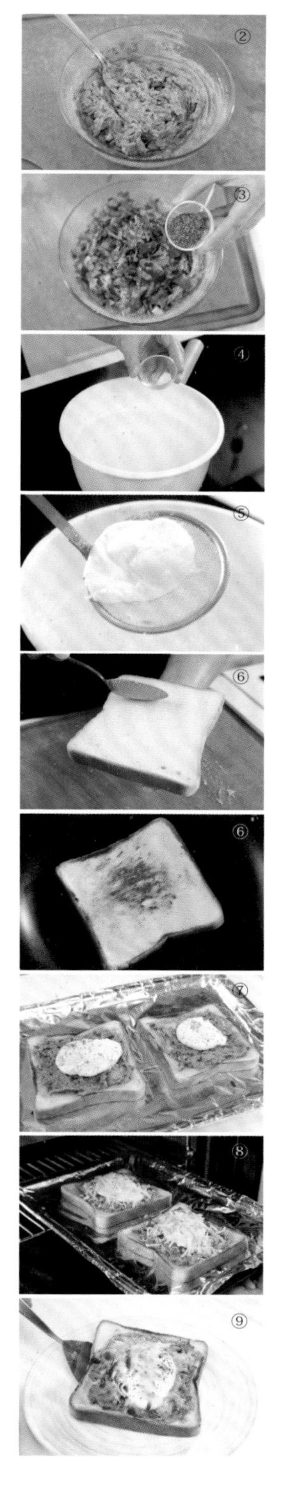

食材

白面包 ······ 2片
鸡蛋 ······ 2个
披萨混合芝士 ······ 30克
牛油果 ······ 2个
西红柿（切丁）······ 1个
紫洋葱（切碎）······ ¼个
青柠檬（榨汁）······ 1个
香菜（切碎）······ 2汤匙
盐及黑胡椒 ······ 适量
白醋 ······ 适量
黄油（软化）······ 适量

做法

❶ 预热烤箱至200摄氏度。
❷ 牛油果去皮去核，将果肉捣成泥。
❸ 将牛油果泥、西红柿、紫洋葱、青柠檬汁、香菜、盐及黑胡椒拌匀，做成牛油果酱。
❹ 烧开一锅水，加入适量白醋。
❺ 用勺子在水中打转成旋涡，每次打入一个鸡蛋，煮成荷包蛋，捞出备用。
❻ 烧热锅，在白面包两面抹上黄油，放在锅中，煎至两面金黄色。
❼ 取出面包，抹上牛油果酱，放上荷包蛋，加上盐及黑胡椒调味。
❽ 将披萨混合芝士撒在荷包蛋上。放在烤箱里烤至芝士融化。
❾ 即成。

蒜片蜜糖炸排骨

蒜头作为百搭的调味食材，配搭肉类最为出色，因为它能提升肉香。这道蒜片蜜糖炸排骨中辅以蜜糖的甜味，叫人欲罢不能。

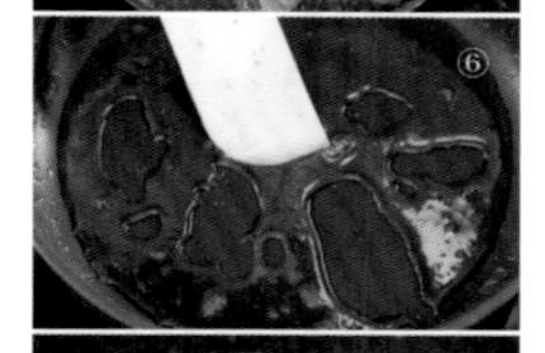

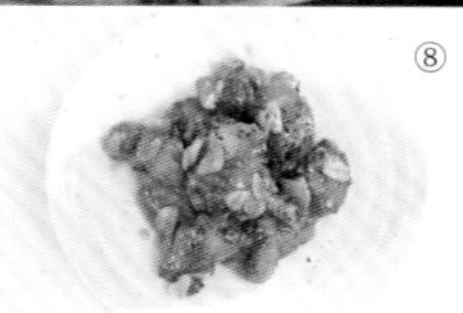

食材

排骨……400克
蒜头……6瓣
橙汁……100毫升
蜂蜜……2汤匙
天妇罗炸粉……适量
黑芝麻粒……适量
排骨腌料
◎绍兴酒……1汤匙
◎生抽……1汤匙
◎蒜末……1汤匙
◎粟粉……1汤匙
◎胡椒粉……适量

做法

❶ 蒜头去皮切片。
❷ 排骨加入绍兴酒、生抽、蒜片、粟粉及胡椒粉腌20分钟。
❸ 用中火烧热锅，加少许油，加入蒜片炸至金黄色，盛起备用。
❹ 将腌好的排骨沾上天妇罗炸粉，用中高火炸至金黄色。
❺ 捞起放在厨房纸上吸去多余油分。
❻ 准备一个锅，加入橙汁及蜂蜜煮至浓稠。
❼ 加入排骨及炸蒜片拌匀。
❽ 撒上芝麻粒即成。

泰式打抛猪

“打抛”是一种泰国香草，音译为打抛，属于罗勒的一种。打抛猪就是用这种香草来炒猪肉，搭配西红柿，做法简单但味道非常下饭，充满泰国风味。

食材

猪肉末	300克
金不换（泰国罗勒）	50克
圣女果	10粒
指天椒（切碎）	2个
鸡蛋	1个
香茅（切碎）	1根
干葱（切碎）	3粒
蒜头（切蓉）	6瓣
柠檬叶（切碎）	2片
绍兴酒	1汤匙
鱼露	1汤匙
柠檬汁	1茶匙
砂糖	1茶匙

做法

❶ 金不换取下叶子；圣女果对半切。
❷ 中火烧热锅，加少许油，炒香蒜蓉、干葱及指天椒。
❸ 加入柠檬叶及猪肉末，炒至猪肉半熟。
❹ 加入绍兴酒、鱼露、香茅、柠檬汁及砂糖炒匀。
❺ 加入圣女果及金不换炒匀，装盘。
❻ 中火烧热锅，加少许油，加入鸡蛋，煎成单面煎蛋。
❼ 将单面煎蛋放在猪肉上，即成。

泰式和牛木瓜紫洋葱沙拉

紫洋葱口感较脆，鲜艳的颜色也令食物卖相更加吸引人，用来做沙拉就最适合了。冲洗干净后切丝，拌匀材料，就成为一道美味的沙拉了！

食材

菲力牛排	100克	蒜头（切末）	2瓣
青木瓜	½个	指天椒（切碎）	1个
紫洋葱	½个	虾米	2汤匙
车厘茄	6个	花生碎	2汤匙
豆角	3根	鱼露	2汤匙
青柠檬（榨汁）	3个	椰糖	2汤匙
香菜（切碎）	1根	盐及黑胡椒	适量

做法

❶ 将豆角切段，汆水1分钟，沥干备用。

❷ 将青木瓜去皮刨成丝。

❸ 将紫洋葱切丝；车厘茄对半切。

❹ 准备一个大碗，加入青柠檬汁、鱼露、蒜末及椰糖拌匀，直至椰糖溶化。

❺ 准备另一个碗，加入青木瓜、紫洋葱、车厘茄、香菜碎、指天椒、虾米、豆角拌匀。

❻ 加入酱汁，拌匀至材料平均沾上酱汁。

❼ 上碟，撒上花生碎。

❽ 牛排用盐及黑胡椒调味。

❾ 烧热平底锅，加少许油，将牛排煎至两面金黄色，煎至想要的生熟程度。

❿ 将牛排盛起放置5分钟，然后切片，放在木瓜沙拉上，即成。

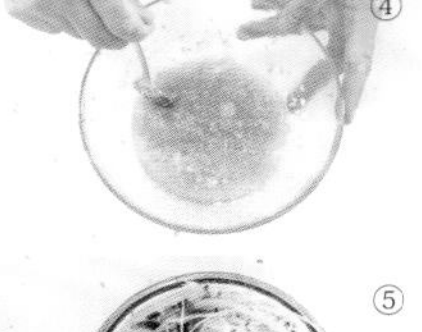

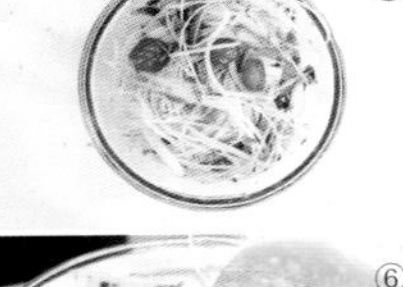

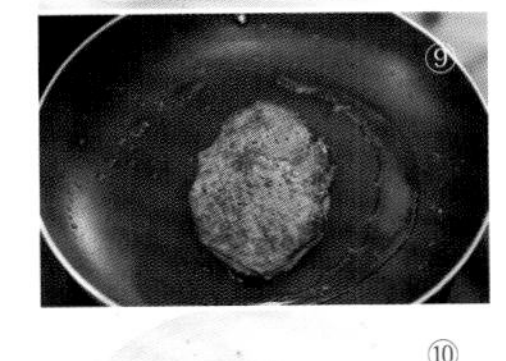

唐扬炸鸡

“唐扬”即日本用酱汁腌渍入味的炸物。咸酥香脆的外皮下是充满酱汁香气的鲜嫩鸡肉，既可当主菜，也可以是下酒菜！

食材

鸡腿肉	500克
姜	10克
蒜头	4瓣
清酒	1汤匙
味醂	1汤匙
日式豉油	1汤匙
砂糖	1茶匙
麻油	1茶匙
土豆淀粉	适量

做法

❶ 鸡腿肉洗净切块。
❷ 姜及蒜头捣碎。
❸ 鸡腿肉加入姜、蒜头、清酒、味醂、日式豉油、砂糖及麻油腌1小时。
❹ 鸡腿肉裹上淀粉。
❺ 准备炸锅，加入足够分量的油，将鸡腿肉炸至金黄熟透。
❻ 捞出放在厨房纸上吸去多余油分。
❼ 即成。

培根蘑菇薯片薄饼

土豆的食法有很多，用来做薄饼有试过吗？将薄薄的土豆片铺好成为饼底，加上丰富的馅料，然后将土豆片煎至香脆，做正餐或小食都很适合。

食材

土豆（中）	2个
紫洋葱	½个
培根	4片
蘑菇	3个
水牛芝士	1块
鸡蛋	1个
马苏里拉芝士碎	50克
番茄酱	100克
欧芹碎	适量
黑胡椒	适量

做法

❶ 紫洋葱、蘑菇及水牛芝士切片。
❷ 培根切丁。
❸ 土豆洗净，切薄片。
❹ 中火烧热锅，加少许油，将土豆片铺在锅中。
❺ 撒上马苏里拉芝士碎，盖上锅盖煮至芝士融化。
❻ 打开锅盖，均匀地抹上番茄酱，加上紫洋葱、蘑菇及培根。
❼ 放上水牛芝士片，在中间打入鸡蛋。
❽ 盖上锅盖焖煮5分钟，至水牛芝士融化及鸡蛋煮熟。
❾ 装盘，撒上欧芹碎及黑胡椒，即成。

鸳鸯萝卜冬菇牛腱汤

电饭煲除了用来煮饭，也可以用来煲汤啊！加入红白萝卜一起熬煮的牛腱汤增添一份清甜味道。

食材

食材	用量
牛腱	500克
白萝卜	1根
胡萝卜	2根
干香菇	4个
姜	2片
水	2升
绍兴酒	2汤匙
盐	适量

做法

1. 干香菇泡发，去根对半切。
2. 白萝卜及胡萝卜去皮切块。
3. 牛腱切块。
4. 烧开一锅水，加入绍兴酒及牛腱汆水5分钟，捞出沥干备用。
5. 将牛腱、白萝卜、胡萝卜、香菇及姜片放入电饭煲中。
6. 加入足量的水至没过所有食材。
7. 按开始键，煮熟后放置30-45分钟。
8. 加盐调味即成。

猪排菠萝包配苹果芥末酱

菠萝包因为焗好的酥皮貌似菠萝而得名，其实并没有菠萝成分。这款三明治加入真菠萝，配搭猪排和苹果芥末酱，吃过的无不赞好。

食材

菠萝包 ………… 2个
猪排 ………… 2块
菠萝 ………… 2片
西红柿 ………… 1个
黄瓜 ………… ½根
生菜叶 ………… 适量
猪排腌料
◎绍兴酒 ………… 1汤匙
◎生抽 ………… 1汤匙
◎砂糖 ………… 1茶匙
◎生粉 ………… 1茶匙
◎麻油 ………… 1茶匙
苹果芥末酱食材
◎蛋黄酱 ………… 50克
◎苹果酱 ………… 1汤匙
◎法式芥末 ………… 1汤匙

做法

❶ 将猪排用刀背拍松，加入绍兴酒、生抽、砂糖、生粉及麻油腌20分钟。
❷ 西红柿及黄瓜切片。
❸ 将蛋黄酱、苹果酱及法式芥末拌匀，放入冰箱冷藏30分钟。
❹ 用中火烧热锅，加少许油，将猪排煎至金黄色及熟透。
❺ 将菠萝包打横切半，两面抹上苹果芥末酱。
❻ 在菠萝包上放上生菜叶，然后放上西红柿、黄瓜、猪排及菠萝；盖上另一半菠萝包，即成。

自家制炸酱

肉香酱浓的炸酱，搭配有劲道的面，自己在家里都可以做出香浓美味的港式炸酱面！香辣的炸酱淋在弹牙的面上，每一口，都是味蕾的享受。

食材

- 猪肉末 300克
- 豆干 2块
- 干葱头 2个
- 甜面酱 40克
- 面豉酱 20克
- 豆瓣酱 10克
- 冰糖 30克
- 水 100毫升
- 蒜末 3汤匙
- 姜末 2汤匙
- 生抽 1汤匙
- 葱花 适量

做法

❶ 将干葱头切碎；豆干切粒。
❷ 准备一个碗，加入适量水、面豉酱、甜面酱及生抽，拌匀至顺滑。
❸ 用中火烧热锅，加少许油，炒香蒜末、姜末及干葱头。加入豆瓣酱炒香。
❹ 加入猪肉末炒至金黄色，再加入豆干及酱汁炒匀。
❺ 加入水及冰糖煮至冰糖完全溶化。
❻ 撒上葱花，即成。

嗨，我是小鹿！
三年前热爱下厨的我，
和男友做了一档叫《厨娘物语》的美食节目。
每周我都通过节目分享我热爱的食物，
也会在里面记录自己的有爱生活。

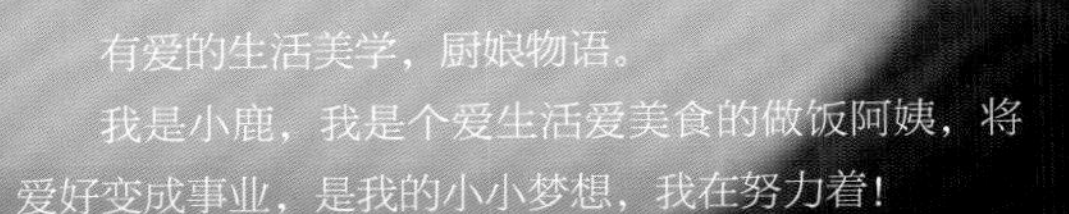

关于◎小鹿

有爱的生活美学，厨娘物语。

我是小鹿，我是个爱生活爱美食的做饭阿姨，将爱好变成事业，是我的小小梦想，我在努力着！

我的夏天回忆

对于夏天 我有着很多美好的记忆！
小时候，
每到夏天爸爸都会带我去游泳。
不大的泳池里挤了好多好多人，
爸爸喜欢和我比谁先游到终点，
却总会在最后一刻输给我。

每个暑假我都会和妈妈呆在空调房里追剧，
爱把租来的碟片一口气看完！

• 活力的周一

充满活力的周一当然需要红红的西瓜做代表啦！西瓜可以清热解暑，唤醒身体活力哦！

步骤： 一片西瓜切成小块，一片柠檬，一起装进自封袋（或者其他容器）中，放入冰块，倒满苏打水，再加几片新鲜薄荷叶，就完成啦！（若没有苏打水用纯净水或者雪碧也行）

• 平静的周二

平静的周二就用温和的哈密瓜和橙子做代表吧！橙子富含维生素C，还能提亮肤色哦！

步骤： 一大片哈密瓜切成小块，橙子一片，一起装进自封袋中，放入冰块，倒满苏打水，再放入薄荷叶就完成啦！

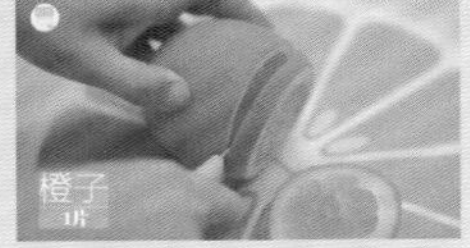

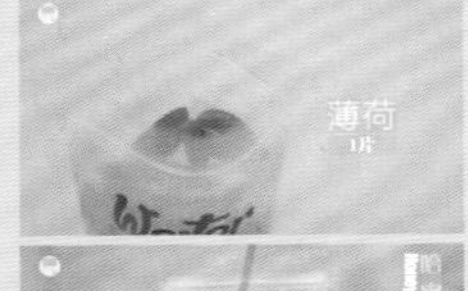

• 甜蜜的周三

对我来说周三就是小周末呀！当然是甜甜的菠萝和百香果做代表啦！如果菠萝和百香果都很甜的话，味道会超好，不够甜就适量加些蜂蜜吧！

步骤： 小半个菠萝切成小块，一个百香果切开，一起装进自封袋中，加入一片柠檬和适量冰块，再倒满苏打水就完成啦！

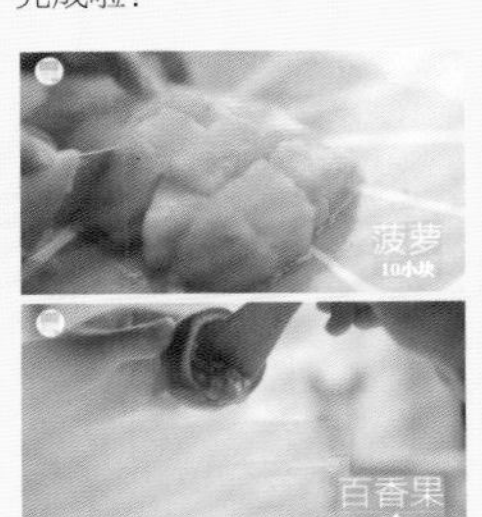

• 清新的周四

清新届的代表，当然是黄瓜和青提啦！作为最常见的黄瓜柠檬排毒水的进阶版，多加了青提，味道会更清新，还能净化肠道，提高免疫力。

步骤： 七八颗青提对半切开，一小段黄瓜切片，一起装进自封袋中，再加一片青柠，倒满苏打水就完成啦！开喝吧！

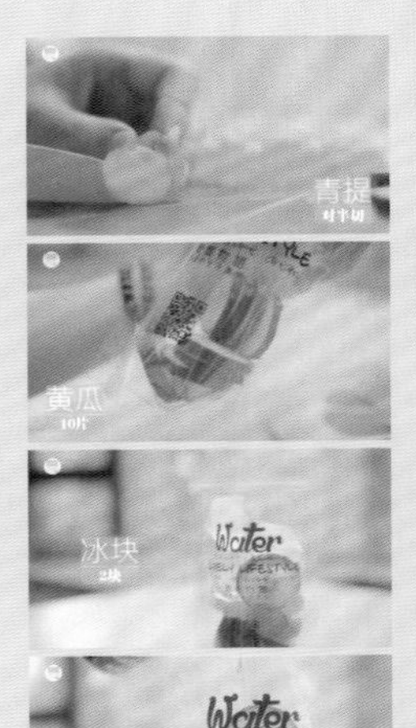

那时候妈妈总能从冰箱里变出半个冰西瓜，
把最甜的那一口塞进我嘴里。
也会时常顶着烈日和小伙伴们一起在楼下玩游戏，
渴了就跑去找小区里开小卖部的老奶奶，
一人一口地喝掉凑钱买来的冰汽水！

在我的记忆里，
泳池里的嬉笑声、西瓜咬下去的沙沙声，还有汽水冒泡的滋滋声，
都是夏天里的最好听的声音，
也是我偏爱夏天的理由。

达人推荐

排毒水教程

最近这几年，
我觉得最能代表夏天的就是排毒水了！

那什么是排毒水呢（DETOX WATER）？

就是将新鲜蔬果在饮用水中冷藏浸泡而得到的天然维他命水，它在国外非常流行。夏天喝起来既清爽又健康。

我一般都会用到苏打水，既有汽水的清爽口感，又不用担心变胖，弱碱水还能中和胃酸。和柠檬放一起喝还能抗氧化，美容养颜，预防皮肤老化。

排毒水不仅操作简单而且颜值爆表。
渐渐地让我爱上喝水，心情也变好，皮肤也好了很多。
其实排毒水很方便，可以和任何你喜爱的蔬果随意搭配。
喝完还可以吃水果，一举两得！
学会了做排毒水，就可以和甜腻腻的汽水说拜拜啦！

把同色系的水果搭配在一起，可以做出一周七天不重样的排毒水哦。

按照水果的口感和心情对应搭配的排毒水，可以承包你的整个夏天啦！
一起做起来吧！

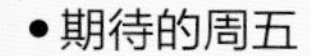

•期待的周五

最期待的日子就是周五啦！马上就要周末啦，喝杯蓝莓让眼睛放松放松，保护视力的同时还能清新口气哦。

步骤：10~20颗蓝莓轻轻压开，让里面的果肉能充分和水接触，将压开的蓝莓和一片柠檬放入自封袋，再放入一片薄荷，倒满苏打水就完成啦！

•欢乐的周六

红红火火恍恍惚惚的周六，必须是热情的火龙果和樱桃登场啦！火龙果还能让肌肤红润嫩白，美容养颜呢。

步骤：5颗樱桃对半切开去核，小半个红心火龙果切小块，一起装进自封袋中，加入冰块，再倒满苏打水就完成啦！

•轻松的周日

苹果和雪梨都是温润的食材，能调节肠胃、清心润肺，和轻松的周日最搭啦！

步骤：雪梨切5~6片，半个苹果切小块，两者一起装进自封袋中，再加入一片青柠，放入冰块，倒满苏打水就完成啦！

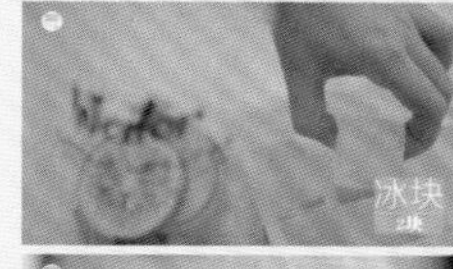

喝一碗糖水看红叶蹁跹，
煲一锅好汤庆瓜果丰年。

绿豆红薯降火润燥，
最配秋高气爽天；
蘑菇是一把小小保护伞，
助我躲过一波流感。

嗯……
还有，
别忘了把美味冬菇鸡饺，
留给最重要的中秋团圆晚宴。

秋

香菇鸡肉饺子

香菇独有的香味，配搭鸡肉、马蹄来做饺子馅，口感既滑且爽。除了做煎饺，放汤一样可以啊。

食材

饺子皮 ………… 20个
鸡肉末 ………… 150克
鲜香菇 ………… 3个
马蹄 ………… 2个
洋葱 ………… ¼个
蒜头（切末）………… 2瓣
香菜（切碎）………… 适量
鸡肉腌料
◎生抽 ………… 2汤匙
◎蚝油 ………… 1汤匙
◎绍兴酒 ………… ½汤匙
◎麻油 ………… 2茶匙
◎生粉 ………… 1茶匙
◎砂糖和胡椒粉 ………… 适量

做法

1. 将鲜香菇、洋葱及马蹄切幼粒。
2. 鸡肉末加入生抽、蚝油、绍兴酒、生粉、麻油、砂糖及胡椒粉腌20分钟。
3. 加入鲜香菇 、马蹄、洋葱、蒜末、香菜拌匀。
4. 将鸡肉馅放在饺子皮中间，沾湿饺子皮的边缘，对折打褶。
5. 用中火烧热锅，加少许油，放入饺子煎至底部金黄色。
6. 将饺子反转，加少许水，盖上锅盖，煮至所有水分蒸发及饺子完全熟透。
7. 即成。

节瓜章鱼鸡爪汤

节瓜是冬瓜的一个变种，所以有“小冬瓜”之称，同样有利水清热的功效，但性质较冬瓜平和，加上章鱼滋阴健脾，鸡爪强健筋骨，多喝有益。

食材

- 节瓜……2个
- 章鱼干……1块
- 鸡爪……8个
- 猪腱……200克
- 花生……20克
- 眉豆……20克
- 盐及胡椒粉……适量

做法

1. 章鱼干泡水变软，然后切件。
2. 花生及眉豆洗净泡水15分钟，沥干备用。
3. 将节瓜去皮切件。
4. 烧开一锅水，将鸡爪、猪腱汆水5-8分钟，沥干备用。
5. 准备一个大锅，加入章鱼、鸡爪、猪腱、花生、眉豆，加入足够分量的水没过食材。
6. 用大火煮开15分钟，然后调至中火。盖上盖煮45分钟，加入节瓜再煮1小时。
7. 加盐及胡椒粉调味。
8. 即成。

榴莲奶冻

奶冻是有名的意大利甜品之一，这次加入了“东南亚果王”榴莲，试试味道有何不同！

食材

榴莲肉 …… 100克
牛奶 …… 200毫升
淡奶油 …… 200毫升
砂糖 …… 50克
鱼胶粉 …… 12克
薄荷叶（装饰）…… 少许

做法

1. 用搅拌机将榴莲肉打至微碎。
2. 准备一个锅，加入一半牛奶、淡奶油及砂糖煮开，备用。
3. 准备一个碗，加入余下的牛奶及鱼胶粉，隔水加热至鱼胶粉完全融化。
4. 将牛奶混合物拌匀，加入榴莲肉拌匀。
5. 倒到容器里，放入冰箱冷藏一晚，或直至定型。
6. 即成。

榴莲千层班戟蛋糕

这个免焗的甜品不但容易做，而且卖相也很吸引人，只要有耐性就能轻松做到。榴莲之友绝对不能错过！

食材

鸡蛋	3个	牛奶	400毫升
低筋面粉	160克	馅料	
砂糖	100克	◎榴莲肉	3个
生粉	30克	◎砂糖	40克
融化黄油	50克	◎淡奶油	200毫升

做法

1. 准备一个碗，加入鸡蛋及砂糖拌匀。
2. 筛入低筋面粉及生粉拌匀。
3. 慢慢加入牛奶搅拌至没有颗粒，加入融化黄油拌匀，放入冰箱冷藏30分钟。
4. 用中低火烧热平底锅，刷上一层油，舀一勺面糊，煎至两面金黄色。
5. 重复至所有面糊用完，待凉备用。
6. 将榴莲去核，果肉放入搅拌机稍微搅拌。
7. 准备一个碗，加入淡奶油及砂糖，打至挺身。
8. 慢慢加入榴莲肉，拌匀。
9. 将一块班戟放在碟上，涂上榴莲淡奶油，放上另一块班戟。
10. 重复至达到理想厚度。
11. 用保鲜膜包好，放入冰箱冷藏最少3小时，或直至定型。切件，即成。

绿豆地瓜糖水

绿豆具有清热解毒的功效，最常配搭海带、臭草煮糖水。怕太寒凉的话，不妨改为配搭地瓜，别有一番滋味。

食材

地瓜……2个
绿豆……100克
红片糖……40克
水……1.5升

做法

1. 洗净绿豆，泡水一个晚上。
2. 地瓜去皮，然后切件并蒸熟。
3. 准备一个锅，加入绿豆和水，煮开。
4. 调至中火，盖上盖煮30-40分钟，每隔10分钟搅拌一次，防止焦底。
5. 加入红片糖及地瓜，煮10分钟。
6. 即成。

南瓜芝士盅

这次用南瓜做个传统瑞士芝士火锅的变奏版，在南瓜内煮溶的芝士带着阵阵白酒香气，并夹杂南瓜的香甜，用法国面包蘸着吃，别具风味。

食材

板栗南瓜（切去顶部并保留）……1个
法国面包……1条
艾蒙塔芝士碎……200克
格鲁耶尔芝士碎……200克
淡奶油……150克
中筋面粉……2汤匙
白葡萄酒……3茶匙
柠檬汁……1茶匙
蒜末……1茶匙
盐及黑胡椒……适量

做法

1. 预热烤箱至200摄氏度，烤盘铺上铝箔纸备用。
2. 将南瓜挖去瓜瓤，蒸10分钟至稍为变软备用。
3. 将艾蒙塔芝士碎、格鲁耶尔芝士碎、中筋面粉、白葡萄酒、淡奶油、柠檬汁、蒜末、盐及黑胡椒拌匀。
4. 倒入南瓜盅，盖上南瓜顶，放上已包有铝箔纸的烤盘。将南瓜外层扫上油。
5. 放入烤箱烤75分钟或直至芝士融化。
6. 伴以法国面包，即成。

日式猪肉豆腐锅

加入萝卜和娃娃菜的猪肉锅特别鲜甜，辅以鲣鱼高汤炖煮，带出蔬菜和猪肉的美味。

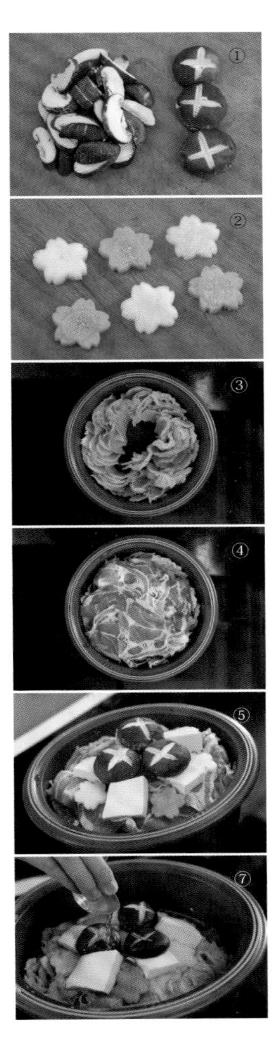

食材

猪肉片	10片
软豆腐（切件）	1块
娃娃菜（切段）	2棵
甘笋（切片）	1根
日本大葱（切段）	1根
萝卜（切片）	½个
鲜香菇	8个
日式豉油	2汤匙
味醂	2汤匙
料理酒	1汤匙
鲣鱼高汤	200毫升
盐	适量

做法

1. 将5个鲜香菇切片备用。
2. 将余下鲜香菇切花刀；3片萝卜及甘笋用模具切成花形备用。
3. 准备一个大锅，在锅底撒上盐，围着锅边铺上一层娃娃菜。
4. 依次序铺入食材：普通香菇、普通萝卜、大葱、普通甘笋、4/5软豆腐及猪肉片。
5. 随意放上余下豆腐、花形萝卜、花形甘笋及花形香菇，加入鲣鱼高汤。
6. 转小火，盖上锅盖，炖煮30-40分钟 。
7. 加入日式豉油、味醂及料理酒，转中火煮至微开，撒上葱花，即成。

烧牛肉三明治配西红柿干芝士酱

烧牛肉三明治是美式三明治的代表，厚厚的烧牛肉能满足食肉一族的胃口。配搭味道微酸的西红柿干芝士酱和蔬菜，可以中和牛肉的油腻感。

食材

烧牛肉（切薄片）…… 200克
意大利香草面包 …… 2个
西红柿 …… 1个
波罗伏洛芝士 …… 4片
紫洋葱 …… 适量
生菜叶（洗净沥干）…… 适量
西红柿干酱食材
◎西红柿干 …… 30克
◎奶油奶酪（软化）…… 50克
◎全籽芥末酱 …… 1汤匙
◎蜂蜜 …… 1汤匙

做法

1. 预热烤箱至180摄氏度。
2. 沥干西红柿干并切碎。
3. 将奶油奶酪、西红柿干、全籽芥末酱及蜂蜜拌匀成西红柿干酱。
4. 生菜叶洗净沥干；西红柿切片；紫洋葱切圈。
5. 焗盘上放上烘焙纸，放上一堆烧牛肉。
6. 在烧牛肉上面加上2片芝士，烤至芝士稍微融化。
7. 将意大利香草面包打横切半，抹上西红柿干酱。
8. 将生菜叶放在一片香草包上，加上西红柿、紫洋葱及芝士烧牛肉。
9. 放上另一片香草面包，即成。

蒜香黄油西红柿烤法包

蒜末包是很多人喜爱的菜式，黄油和蒜香交织在一起实在是一大味觉享受。再加上西红柿、芝士等材料，这道蒜香黄油西红柿烤法包定会成为你的新宠！

食材

法包（切片）……………… 1根
西红柿（切粒）……………… 2-3个
黄油（软化）……………… 40克
巴马臣芝士碎 ……………… 50克
意大利黑醋酱 ……………… 适量
欧芹碎 ……………… 适量
盐及黑胡椒 ……………… 适量
烤蒜头材料
◎蒜头 ……………… 2个
◎橄榄油 ……………… 适量
◎盐及黑胡椒 ……………… 适量

做法

1. 预热焗炉至180摄氏度。
2. 蒜顶打横切去顶部。
3. 将蒜头放在焗盘上，撒上橄榄油、盐及黑胡椒。
4. 盖上锡纸，放入焗炉焗45分钟至1个小时，直至蒜头变软及表皮呈金黄色。
5. 取出放凉，将蒜瓣挤出。
6. 准备一个碗，加入焗蒜瓣并压成蓉，加入黄油拌匀。
7. 在法包片上抹上蒜蓉黄油，放入焗炉焗5分钟至微金黄色。
8. 然后放上西红柿粒、盐、黑胡椒及巴马臣芝士碎。
9. 放入焗炉再焗5分钟至芝士融化。
10. 取出，撒上意大利黑醋酱及欧芹碎即成。

蒜香纸包骨

一撕开烘焙纸就闻到排骨的香味，上面沾满蒜粒，一口咬下去，汁多肉嫩，并夹杂着蒜香！

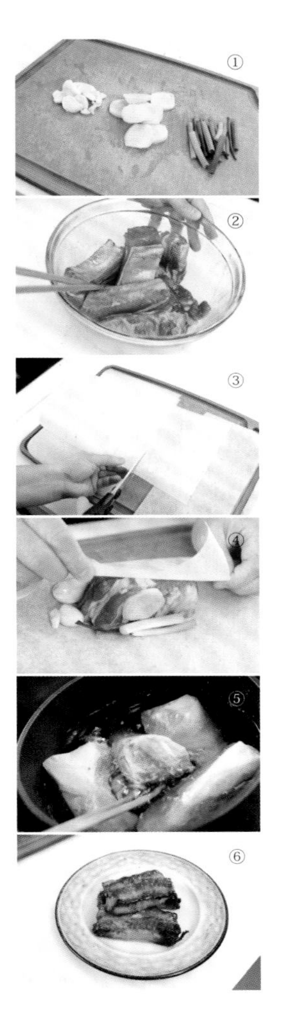

食材

排骨	500克
蒜头	10瓣
姜、葱	适量
绍兴酒	2汤匙
生抽	2汤匙
生粉	2汤匙
砂糖	1汤匙

做法

1. 将蒜头拍扁，姜切片，葱切段。
2. 排骨用绍兴酒、生抽、生粉及砂糖腌20分钟。
3. 将烘焙纸剪成合适大小。
4. 将排骨、蒜头、姜及葱段均匀放在烘焙纸上包好。
5. 准备炸油锅，加入足够分量的油用中火烧热，加入排骨炸至金黄色及熟透。
6. 拆开烘焙纸，即成。

西班牙奶酪牛肉馅饼

西班牙半圆馅饼源于西班牙西北部的加利西亚，馅料非常多变，从兔治肉类、惹味辣肉肠到各种海鲜不等，并配以各种蔬菜。这次我们选用牛肉和奶酪，浓浓肉香与奶酪融和在一起，必定成为餐桌上受欢迎的佐酒小吃。

食材

冷冻酥皮（已解冻）……2块
牛肉末……200克
红甜椒……¼个
青甜椒……¼个
紫洋葱……¼个
甘笋……¼根
车打奶酪碎……100克
茄汁……3汤匙
蒜头……4瓣
鸡蛋……1个
盐及黑胡椒……适量

做法

1. 预热烤箱至200摄氏度。焗盘铺上烘焙纸备用。
2. 将红甜椒、青甜椒、紫洋葱、甘笋及蒜头切碎备用。
3. 用中火烧热锅，加少许油，将红甜椒、青甜椒、紫洋葱、甘笋及蒜头翻炒5分钟。
4. 加入牛肉末，再炒3分钟。
5. 加茄汁、盐及黑胡椒调味，炒匀。
6. 用圆形模具将解冻酥皮切成直径9厘米的圆块。
7. 放上馅料及车打奶酪，打折成半圆状。
8. 用叉在边缘压纹。
9. 放上焗盘，洒上蛋液。
10. 放入烤箱烤15-20分钟或直至表面呈金黄色，即成。

虾仁沙拉牛角包

用上不少牛油做成酥皮层的牛角包，本身已松化好吃，再加上丰富的虾仁沙拉馅料，卖相和味道更加让人无法抗拒。

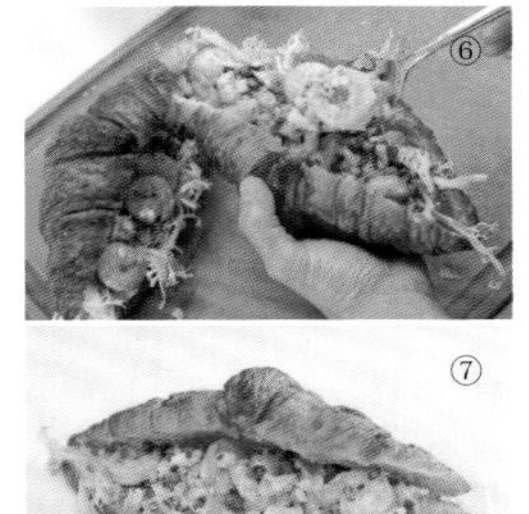

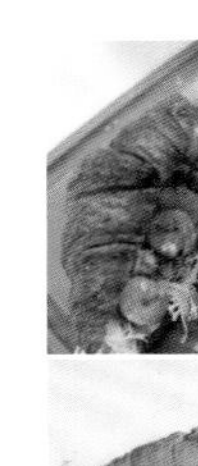

食材

牛角包	2个	法葱（切碎）	适量
虾仁	200克	卡真粉食材	
西芹	1根	◎蒜粉	1茶匙
紫洋葱	¼个	◎洋葱粉	1茶匙
西红柿	½个	◎红椒粉	1茶匙
青柠檬（榨汁）	½个	◎牛至	1茶匙
蛋黄酱	30克	◎盐	1茶匙
水瓜柳	2汤匙	◎黑胡椒	1茶匙
盐及黑胡椒	适量	◎甜椒粉	2茶匙
苦苣叶	适量		

做法

1. 将蒜粉、洋葱粉、红椒粉、牛至、甜椒粉、盐及黑胡椒拌匀成卡真粉。
2. 虾仁撒上卡真粉腌5分钟。
3. 将紫洋葱、西芹及西红柿切粒。
4. 用中高火烧热锅，加少许油，将虾仁煎约2-3分钟至金黄色，盛起放凉。
5. 将虾仁、紫洋葱、西芹、西红柿、水瓜柳、蛋黄酱、青柠檬汁、盐及黑胡椒拌匀。
6. 将牛角包打横切半，放上苦苣及虾仁。
7. 撒上法葱花即成。

香辣虾仁椰浆饭卷

当墨西哥薄饼遇上马来椰浆饭，加上带着甜辣香味的爽口虾仁，拼凑出滋味混合的饭卷，再配合清爽的芒果蛋黄酱，是夏日午餐不二之选。

食材

墨西哥薄饼……4张
西红柿（去核并切条）……1个
虾仁……400克
白米……150克
椰奶……100毫升
水……50毫升
香菜碎……适量
虾仁腌料
◎青柠檬（刨皮及榨汁）……1个
◎蒜头（切末）……2瓣
◎蜂蜜……1汤匙
◎橄榄油……1汤匙
◎红椒粉……1茶匙
◎盐及黑胡椒……适量
芒果蛋黄酱食材
◎芒果……½个
◎蛋黄酱……200克
◎蜂蜜……1汤匙

做法

1. 芒果切半，切出果肉。
2. 将芒果肉放入搅拌机搅拌至光滑。
3. 将蛋黄酱、芒果汁及蜂蜜拌匀成芒果蛋黄酱，放入冰箱冷藏1小时。
4. 将蒜末、青柠檬皮、青柠檬汁、蜂蜜、橄榄油、红椒粉、盐及黑胡椒拌匀。
5. 加入虾仁腌1个小时。
6. 将米洗净，放入电饭煲中，加入椰奶及适量水，将米煮熟。
7. 用中火烧热锅，加少许油，加入虾仁，每边煎约2分钟直至金黄色，备用。
8. 当椰浆饭煮熟后，加入香菜碎拌匀。
9. 在墨西哥薄饼上放上芒果蛋黄酱、椰浆饭、虾仁、西红柿。
10. 将墨西哥薄饼卷起即成。

香蒜豆豉炒花蛤

蒜头和豆豉是调味界的最佳配搭，用来炒花蛤更是百吃不厌的组合。上街市买到新鲜花蛤的话，不妨用这种做法试一试，包你回味无穷！

食材

花蛤……500克
红辣椒……1个
干葱……1粒
蒜头……5瓣
豆豉……3汤匙
绍兴酒……2汤匙
葱段……适量
芡汁材料
◎水……100毫升
◎蚝油……1汤匙
◎生抽……1汤匙
◎粟粉……1汤匙
◎砂糖……1茶匙

做法

❶ 花蛤浸在盐水中30分钟吐沙，沥干备用。
❷ 豆豉洗净浸水15分钟。
❸ 蒜头、干葱切成末；红辣椒切片。
❹ 将水、蚝油、生抽、砂糖及粟粉拌匀成芡汁。
❺ 用中火烧热锅，加少许油，加入干葱末、蒜末及豆豉炒香。
❻ 加入花蛤煮2-3分钟。
❼ 加入绍兴酒及芡汁煮至花蛤开口及酱汁浓稠。
❽ 加入红辣椒及葱段拌匀即成。

一口早餐拼盘

一份美观又丰富的早餐必定能为新的一天注入能量。这个一口早餐拼盘能一次满足你三个愿望，而且色彩缤纷，令人特别醒神！

食材

西蓝花芝士焗蛋食材

- ◎西蓝花（切碎）…… ½个
- ◎巧达芝士碎 …… 50克
- ◎鸡蛋 …… 3个
- ◎洋葱碎 …… ¼个
- ◎盐及黑胡椒 …… 适量

培根蛋吐司食材

- ◎全麦面包 …… 1片
- ◎培根 …… 4片
- ◎鸡蛋 …… 4个
- ◎小西红柿（切半）…… 2个

榛子鲜果燕麦杯食材

- ◎原味奶酪 …… 100克
- ◎燕麦片 …… 80克
- ◎香蕉（研成末）…… 2根
- ◎牛奶 …… 15毫升
- ◎榛子酱 …… 2汤匙
- ◎蓝莓 …… 适量
- ◎坚果 …… 适量

做法

1. 预热烤箱至200摄氏度；杯子模喷上食用油备用。
2. 制作培根蛋吐司：焗盘铺上烘焙纸，放上培根，放入烤箱烤5分钟，备用。
3. 将面包用圆形模具切成圆块，放入杯子模。
4. 将培根围住模边放在面包上，加入一个鸡蛋及小西红柿。
5. 制作燕麦杯：将燕麦片、香蕉末、榛子酱及牛奶拌匀成浆状，倒进杯子模，用手指轻轻捏出杯形。
6. 制作西蓝花芝士焗蛋：准备一个大碗，将鸡蛋打发，加入西蓝花、洋葱碎、巧达芝士碎、盐及黑胡椒拌匀。将蛋浆倒进杯子模。
7. 放入烤箱用180摄氏度烤12-15分钟至熟透。
8. 上碟，在燕麦杯放入奶酪、蓝莓及坚果，即成。

蒸酿香菇猪肉

将香菇反过来就像一只小碟，酿入猪肉、马蹄、虾米等材料，蒸好后就像迷你肉饼，肉汁满溢。

食材

干香菇	10个
猪肉末	200克
虾米	20克
蒜头	2瓣
马蹄	3个
香菜（切碎）	适量
生粉	适量
盐及胡椒粉	适量

猪肉腌料

◎鸡蛋（取蛋清）	1个
◎绍兴酒	1茶匙
◎生抽	1茶匙
◎砂糖	1茶匙
◎麻油	1茶匙
◎生粉	1茶匙
◎胡椒粉	适量

做法

1. 将干香菇泡水变软，去蒂，留下香菇水。
2. 将虾米泡水变软，切碎。
3. 蒜头切碎，马蹄切碎。
4. 猪肉末加入蛋清、绍兴酒、生抽、砂糖、麻油、生粉及胡椒粉腌20分钟。加入马蹄、蒜末、虾米及香菜拌匀。
5. 香菇平均沾上生粉。
6. 将猪肉馅酿入香菇中。
7. 用中高火蒸10分钟至猪肉完全熟透。
8. 准备一个平底锅，加入冬菇水、盐、胡椒粉及少许生粉拌匀，煮至微开至芡汁浓稠。
9. 将芡汁淋在酿香菇上，撒上香菜碎，即成。

芝心紫菜蛋卷

煎蛋卷（玉子烧）是经典的日本料理菜式，由煎熟的蛋浆一层一层卷起来做成。这次我们加入紫菜和芝士做馅料，让芝士融化做成流心效果。

食材

鸡蛋 ………………………… 3个
寿司海苔 ………………………… 3片
水牛芝士片 ………………………… 3片
日式蛋黄酱 ………………………… 适量
盐及胡椒粉 ………………………… 适量
香辣蛋黄酱食材
◎日式蛋黄酱 ………………… 50克
◎士拉差辣椒酱 ………………… 1汤匙

做法

1. 将日式蛋黄酱和士拉差辣椒酱拌匀。
2. 加入挤袋中，放入冰箱冷藏30分钟。
3. 将鸡蛋打发，加盐及胡椒粉调味。
4. 将海苔剪成稍为比煎锅小的尺寸。
5. 用中火烧热锅，刷少许油。
6. 加入一层薄薄的蛋浆，煎成蛋皮。
7. 放上海苔及芝士片。
8. 由上而下卷成蛋卷，将推卷推到上方，加入另一层薄薄的蛋浆，卷成蛋卷，将推卷推到上方。
9. 加入另一层薄薄的蛋浆，加上海苔及芝士片，加入最后一层蛋浆，卷成蛋卷。
10. 切件上碟。挤上香辣蛋黄酱，即成。

纸包蛋糕

纸包蛋糕相信是不少人的童年回忆。软绵绵，简单又美味！在家做也很容易，材料货真价实之余还充满蛋香味，超松软！

食材

鸡蛋 …… 5个
砂糖 …… 70克
低筋面粉 …… 80克
生粉 …… 10克
牛奶 …… 40毫升
大豆油 …… 50毫升
香草精 …… 1茶匙

做法

❶ 预热烤箱至170摄氏度。
❷ 将蛋清及蛋黄分开。
❸ 蛋清加入30克砂糖，打成蛋清霜。
❹ 蛋黄加入40克砂糖，打发至浅黄色。
❺ 加入大豆油、牛奶及香草精拌匀。
❻ 筛入低筋面粉及生粉，搅拌至没有颗粒。
❼ 将1/3蛋清霜加入蛋黄酱拌匀。
❽ 然后倒回剩余的蛋清霜中，轻手搅匀。
❾ 蛋糕模放上烘焙纸，将面糊平均倒在模中，大约3/4满。
❿ 放入烤箱烤20分钟，或直至金黄色。
⓫ 待凉后即成。

纸包海鲜意面

每条意粉都有香浓的西红柿味，再配上爽口的鲜虾及鱿鱼，美味令人难以抗拒！

食材

意面	200克	蒜头（切末）	4瓣
鱿鱼	1只	干葱头（切碎）	2粒
大虾	6只	巴马臣芝士	80克
青口贝	4只	西红柿汁	2汤匙
车厘茄	6个	盐及黑胡椒	适量
白酒	50毫升	欧芹碎	适量
罐头西红柿碎	100克		

做法

1. 预热烤箱至180摄氏度。
2. 将大虾洗净去壳去肠；鱿鱼切圈。
3. 将车厘茄切半。
4. 煮开一锅水，加入盐及意面，煮至意面软硬适中。
5. 烧热锅，加少许油，炒香蒜末及干葱头。
6. 加入大虾、鱿鱼及青口贝煮1分钟。
7. 加入白酒、车厘茄、西红柿碎、意面及西红柿汁拌匀，加入盐和黑胡椒调味。
8. 大碗放上烘焙纸，加入意面，撒上巴马臣芝士拌匀，然后加入海鲜。
9. 将意面包好，放入烤箱烤10分钟。
10. 撒上欧芹碎，即成。

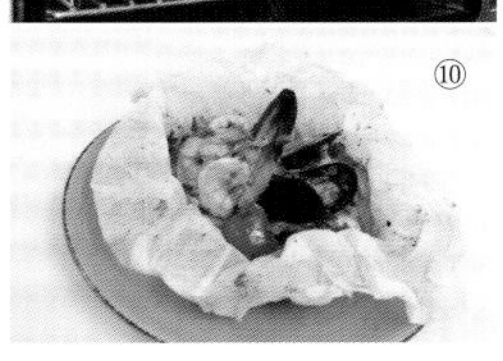

纸包韩式蜜糖辣鸡

简单煮法做出韩国风味！少许辣味加上炸至酥香的鸡肉，包你一试便爱上！

食材

鸡腿肉 ………… 300克
蒜头 ………… 2瓣
葱 ………… 适量
韩式辣椒酱 ………… 2汤匙
米醋 ………… 2汤匙
蜂蜜 ………… 2汤匙
盐及黑胡椒 ………… 适量

做法

1. 将蒜头切成末；葱切段。
2. 将鸡腿肉切件。
3. 准备一个碗，加入韩式辣椒酱、米醋、蜂蜜、蒜末、盐及黑胡椒拌匀。
4. 加入鸡件，腌15-20分钟。
5. 将烘焙纸剪成适合大小，以将鸡件包起。
6. 将鸡件及葱段，均匀放在烘焙纸上包好。
7. 准备炸油锅，加入足够分量的油用中火烧热，加入鸡件炸至金黄色及熟透。
8. 拆开烘焙纸，即成。

关于◎小宝君

魏瀚，人称小宝君，资深吃货到厨师的转型代表。

恋爱如同烹饪，总是用简单的食材，如同那个最简单的你和我，奇妙地融合为最特别的一道菜。

我喜欢为你端上那一份只属于我们之间的相视而笑，眼神里的色香味。

请不要浅尝辄止。

风水师的一碗鸡汤

由于小时候待在广东的关系，家里人的口味不像四川人却反而偏向粤菜系。像是母亲的朋友中有顺德人，主妇们喜欢拿腌制过后的橄榄拍扁后蒸鱼，刚开始我们都觉得不可思议，这样怎么会好吃呢？当下筷子夹起放入口中时，感觉就像打开了一扇新世界的大门。那时候的我才发现原来食物间的组合可以七十二变，哪怕看似风马牛不相及的食材跟食材之间，在各位厉害的妈妈的料理下，最后成品都会像变魔术般那样好吃。我约略体会到所谓母亲的力量，不仅体现在生活中无微不至的照顾，更体现在餐桌上的大显身手。

开始接触广东菜的我们，连习俗方面也开始向广东靠拢。因为广东人相信风水不是一两天的事情了，在广东生活的那段时间，妈妈在邻居的影响下也开始相信风水一说。殊不知风水先生除了看风水之外，也是一位厨房好手。

记得在我小学将要升初中的时候，家里换了套新房子。为了图个吉利，于是母亲请了一位在邻里阿姨间备受推崇的风水师傅来家中。回想起来，我已经记不清大师看风水的过程，但非常清楚地记得最后在看完风水的时候，大师抄了一张汤谱给我们，当时是随手写在一张皱巴巴的白纸上的。他特别嘱咐说：“这是一煲发财汤，如要搬家之后顺顺利利，就照着这张单子上面的材料去买，一个也不能少。”如此郑重的叮嘱让我们一家都诚惶诚恐，只敢照办。现在想起来，也不知道当时这位师傅是不是忽悠我们，或者对每个请他看过风水的人家，都说一遍同样的话。

来说说这碗发财汤，它的主要材料有鸡肉、黑豆、鱿鱼干、姜、鸡爪、花生、发菜和蜜枣。因为广东话里“发菜”跟“发财”是谐音，所以在广东地区上等的发菜价格是十分昂贵的。抱着不浪费的原则，妈妈特别在汤里放了黄酒去腥，然后把鸡肉和鸡爪小火炖到酥烂，整个汤头浓稠，泛着羊脂玉般的奶白色和浓黑色，即便不能发财，也是不可多得的靓汤。想着只要把它全部喝光，家里就会赚大钱的念头，搬家当天我们一家人每人喝了足足三大碗。没想到味道出奇的好喝，于是这道“发财汤”之后便频频出现在家里的餐桌上。甚至有一段时间，家中只要在煲汤，都是妈妈拿手的“香味四溢”时间，连邻居阿姨都纷纷顺着香气寻来。妈妈也钟爱“散财”，每次都盛满满一大碗，然后跟大家笑着说：“一起发财，一起发财。”

这“发财汤”伴随着我走过了很多个秋冬。对于父亲来讲，他的态度比较中立。因为汤里的食材总一成不变，他有时候还会抱怨母亲：“别熬这么多！秋

天喝还好，一年四季怎么都要发财？”

若要问这碗汤的功效如何，我们家倒是一直没有发大财。不过有了这碗汤，我们家一直平安健康，我觉得光是这样，就是千金难买的，所以还是要谢谢这位风水师傅。此外，也让别人问起我妈妈的拿手好菜是什么时，会毫不犹豫地说出：“想要发财吗？来家里喝碗汤。”很多父母与子女之间的感情，都是通过一碗浓浓的汤来表达的。也希望每一个心里有爱的人，在天气渐凉的秋日，都有一碗热汤。

达人推荐

黑豆鸡汤

食材

鸡……半只
黑豆……200g
鱿鱼干……25g
姜……25g
鸡爪……2只
花生……200g
发菜……25g
蜜枣……25g

做法

① 锅里放入油，放入姜片煎出香味，然后放入鸡肉和鸡爪，煎炸到金黄色，然后滤去多余油脂。
② 把锅中的鸡肉拿出，放入黑豆翻炒，然后倒入所有配料小火慢炒，滤去多余油脂。
③ 加入清水，大火烧烤，然后小火慢炖3小时至汤体浓稠。
④ 出锅可以撒上葱花。

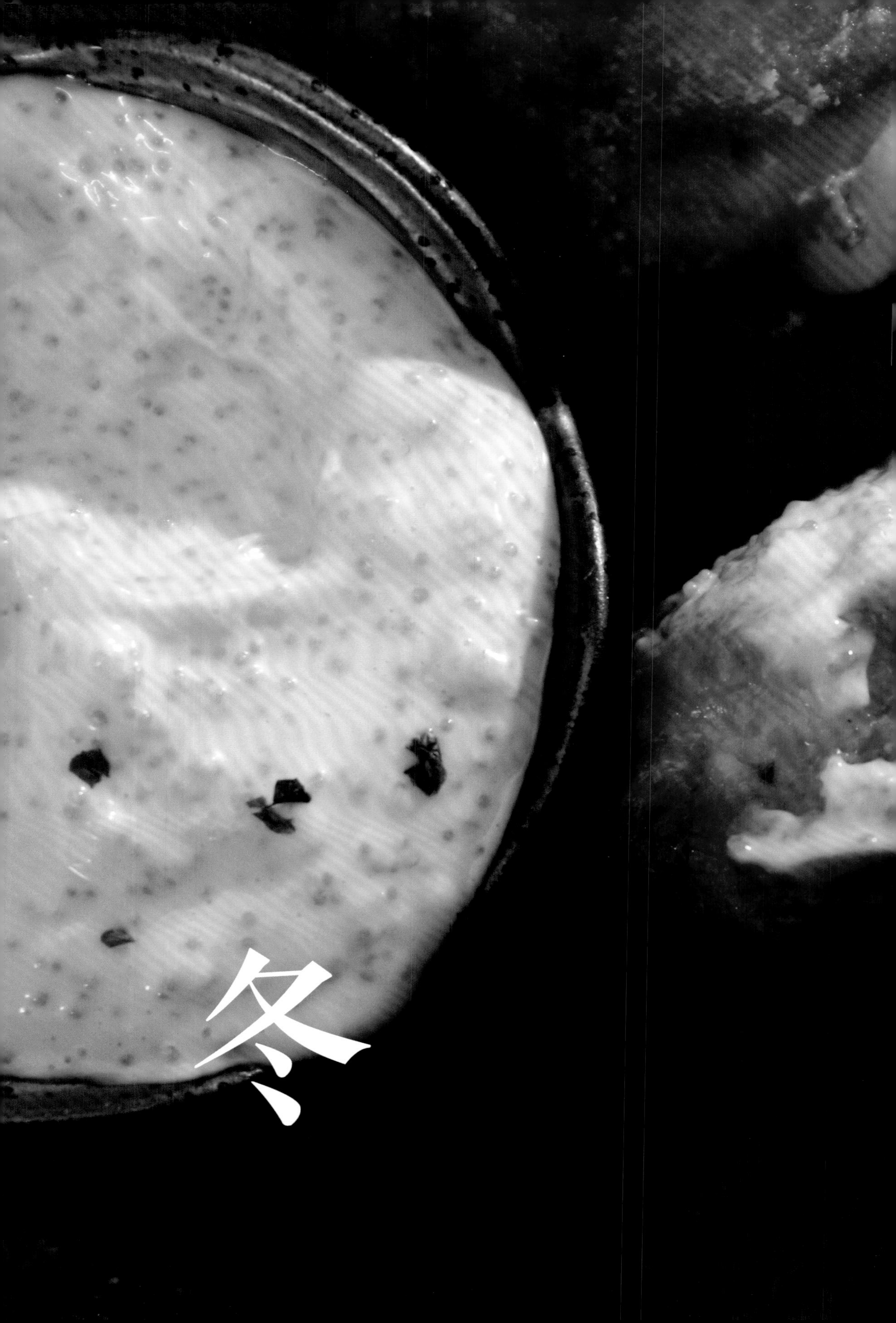
冬

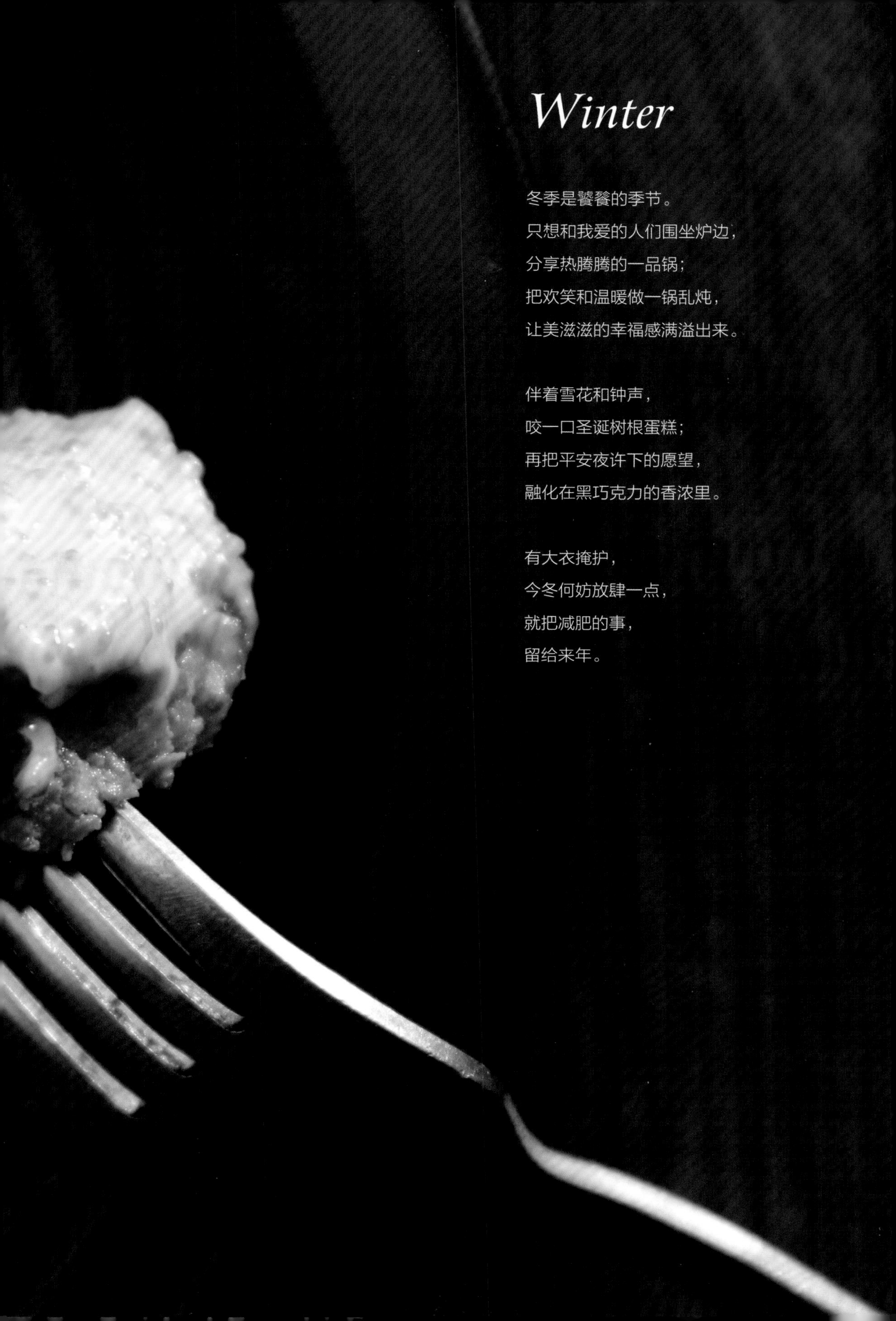

Winter

冬季是饕餮的季节。
只想和我爱的人们围坐炉边，
分享热腾腾的一品锅；
把欢笑和温暖做一锅乱炖，
让美滋滋的幸福感满溢出来。

伴着雪花和钟声，
咬一口圣诞树根蛋糕；
再把平安夜许下的愿望，
融化在黑巧克力的香浓里。

有大衣掩护，
今冬何妨放肆一点，
就把减肥的事，
留给来年。

西红柿虾仁乌冬面

西红柿虾仁乌冬面，做法简单，却是日常滋补的好东西。虾仁肉质松软易消化，西红柿富含维生素C，乌冬面配上酸浓的西红柿汁，既不会太油腻，也不会太酸，酸甜适口又嫩滑，有开胃的效果。

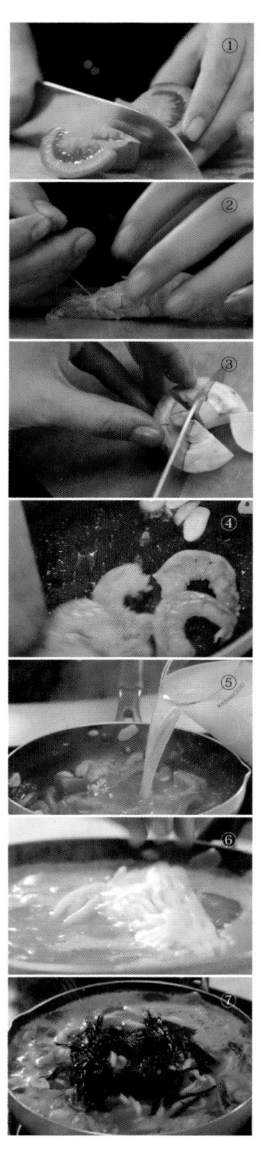

食材

大虾 …… 6只
西红柿 …… 2个
乌冬面 …… 2包
口蘑 …… 2个
菜心 …… 2棵
蒜头 …… 2瓣
海苔 …… 1片
小葱 …… 1根
鸡汤 …… 1升
味噌 …… 20克
盐 …… 适量
白胡椒粉 …… 5克

做法

❶ 西红柿洗净，切块；海苔切条；小葱洗净切末。
❷ 大虾洗净去壳，去虾线。
❸ 蒜切片；口蘑洗净一切六；菜心洗净，一切二。
❹ 热油锅爆香蒜片，下虾仁，炒香，放入西红柿、口蘑，翻炒至西红柿变软，加入白胡椒粉调味。
❺ 倒入鸡汤、味噌，烧开后，放入乌冬面、菜心，搅拌均匀，煮5分钟。
❻ 加入盐调味，关火。
❼ 出锅装碗，撒上海苔条及小葱末，即成。

豪气东北乱炖

豪气东北乱炖又名”丰收菜“，霸气又随性的名字背后体现着东北人豪爽的个性。玉米、豆角、土豆、胡萝卜等北方常见的蔬菜与排骨一同炖煮，浓油酱赤，味道鲜美，在寒冷的冬季是必不可少的一道寓意丰盛与团圆的家常大餐。

食材

排骨	200克	香菜	适量
玉米	1根	桂皮	5克
土豆	1个	花椒	5克
茄子	1个	八角	3个
胡萝卜	1根	黄豆酱	100克
豆角	100克	老抽	20毫升
大葱	40克	盐	适量
姜	30克		

做法

1. 玉米洗净切段；豆角洗净切头去尾，切段；土豆去皮切块；茄子切滚刀；胡萝卜切滚刀。
2. 排骨洗净，沥干备用。
3. 大葱切段；姜去皮切片；香菜切段。
4. 取一个有深度的锅，加入少许油，爆香大葱、姜片、花椒、桂皮、八角，加入洗净的排骨，翻炒至排骨微上色，夹出排骨备用。
5. 将翻炒好的除排骨外的香料用纱布包好扎紧，做成料包。
6. 同一个油锅，放入黄豆酱、茄子、土豆、豆角、玉米、胡萝卜，翻炒至蔬菜表面均匀裹上黄豆酱。
7. 加入排骨、料包，倒入足量的水，倒入老抽，大火烧开后转小火，盖上锅盖，炖40-60分钟，至蔬菜黏软，放盐调味。
8. 出锅取出料包，放上香菜即成。

核桃芦笋意式烩饭

意式烩饭以意大利米为主要食材，却完全不同于中式的烹饪方式。新鲜翠绿的芦笋带来田间最清新的野味，大颗核桃粒将坚果的高营养高蛋白完全融入意大利米的原始浓香，帕马森芝士和白葡萄酒的调味让扑面而来的异域风情带来别样的味觉体验。

食材

意大利米 ………… 1大腕
干葱 ………… 2粒
蒜头 ………… 2瓣
芦笋 ………… 150克
核桃 ………… 40克
黄油 ………… 30克
帕玛森芝士碎 ………… 15克
蔬菜汤 ………… 500毫升
白葡萄酒 ………… 150毫升
盐及黑胡椒碎 ………… 适量

做法

❶ 将蒜切末；干葱切幼粒；芦笋洗净，去除根部，切小段；核桃掰碎。
❷ 取一锅水，加少许盐，汆芦笋，沥干备用。
❸ 烧热锅，炒香核桃，盛起备用。
❹ 取一个锅，加入黄油，爆香蒜末、干葱粒，倒入一大碗意大利米，加入白葡萄酒，翻炒均匀。
❺ 分多次加入蔬菜汤并不停搅拌，至汤汁完全吸收，加入汆好的芦笋和炒香的核桃，翻炒均匀，最后加入盐和黑胡椒调味
❻ 出锅装盘，撒上帕玛森芝士碎，即成。

黑巧克力慕斯

电影《街角洋果子店》中从家乡来到东京街角洋果子店的女孩夏目没有找回立志成为甜品师的男友，却因为品尝了一口精致的黑巧克力慕斯而感受到了甜品带来的阵阵幸福感，从而开始了自己甜品师的修业生活。甜品总有着让人无法抵抗的魔力，绵软蓬松的黑巧克力慕斯，吃下一口，丝滑的口感和醇厚浓香更是萦绕在舌尖久久回味不去。

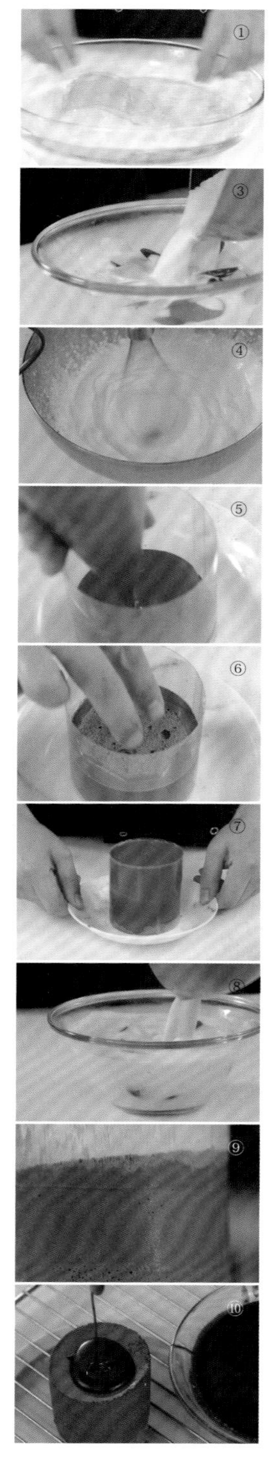

食材

黑巧克力原片	100克
淡奶油	200毫升
鱼胶片	5克
巧克力蛋糕胚	2片

巧克力淋面酱食材

◎黑巧克力原片	100克
◎葡萄糖浆	20克
◎淡奶油	130毫升

做法

制作巧克力慕斯

❶ 鱼胶片泡在冷水中泡软。

❷ 取一半的淡奶油烧开，加入泡软的鱼胶片拌匀。

❸ 冲入装有巧克力原片的碗中，搅拌均匀。

❹ 将剩下的淡奶油打发，拌入③中，搅拌均匀。

❺ 用模具从上到下压入巧克力蛋糕胚，压出模具的形状，保持模具不动，裱入巧克力慕斯，高度到模具的一半。

❻ 再放入稍小一圈的压好的蛋糕胚，放入冰箱冷冻20分钟。

❼ 取出，继续裱入巧克力慕斯到与模具齐平，再次放入冰箱冷冻至少1个小时。

制作淋面酱

❽ 将淡奶油、葡萄糖浆烧热，拌入装有巧克力原片的碗中，搅拌至巧克力融化，自然冷却，备用。

组合

❾ 将冻好的巧克力慕斯退模，再放入冰箱冷冻10分钟。

❿ 取出冷冻好的巧克力慕斯，在表面均匀地淋上淋面酱，待淋面酱凝结，装盘，装饰即成。

忌廉芝士焗蛏子

蛏子是一种双壳贝类海鲜，将蛏子拆肉后不妨保留双壳，用来盛载忌廉芝士酱汁。放入焗炉烘焗后，浓浓的酱汁包裹着肥美的蛏子肉。

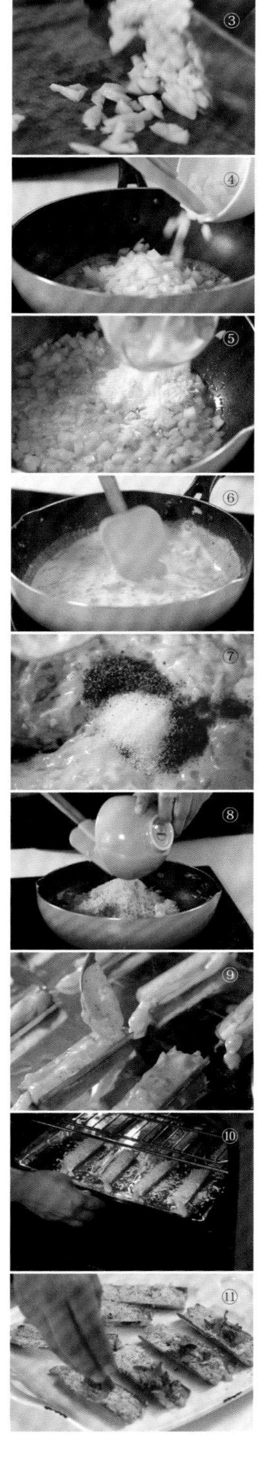

食材

蛏子	8只
车打芝士	100克
面包糠	50克
无盐牛油	20克
中筋粉	20克
洋葱	½个
蒜头	3瓣
牛奶	100毫升
淡忌廉	200毫升
红椒粉	1茶匙
盐及黑胡椒	适量
芫茜碎	装饰用

做法

❶ 预热焗炉至200摄氏度。
❷ 清洗蛏子后沥干备用。
❸ 将洋葱切幼粒；蒜头切成蓉。
❹ 用中火烧热锅，加入牛油，炒香洋葱及蒜蓉。
❺ 加入中筋粉拌匀成面糊。
❻ 加入牛奶及淡忌廉，拌匀至没有颗粒及酱汁煮至浓稠。
❼ 加入红椒粉、盐及黑胡椒调味。
❽ 加入车打芝士搅拌煮至溶化。
❾ 将芝士汁淋上蛏子上.
❿ 撒上面包糠，放入焗炉焗15-20分钟直至金黄色。
⓫ 从焗炉中取出蛏子，撒上芫茜碎即成。

煎猪扒配蜜糖黑醋汁

煎猪扒可以是很家常的菜式，但只要配菜和摆盘花点心思，立即可变成高级西餐！这里教大家自制薯蓉及蜜糖黑醋汁，配杯红酒，与情人来个烛光晚餐吧！

食材

猪扒	2块	◎洋葱粉	1茶匙
洋葱	1个	◎盐及黑胡椒	适量
盐及黑胡椒	适量	蜜糖黑醋汁食材	
薯蓉食材		◎干葱	1粒
◎新薯	100克	◎意大利黑醋	50毫升
◎淡忌廉	20毫升	◎蜜糖	10克
◎酸忌廉	2汤匙	◎红酒	1汤匙
◎蒜粉	1茶匙	◎盐及黑胡椒	适量

做法

❶ 洋葱去皮后切块；干葱切粒。
❷ 用刀背轻拍猪扒，加盐及黑胡椒调味。
❸ 将新薯洗净，蒸至新薯软腍后沥干，放在大碗内。
❹ 用压薯蓉器将新薯压成蓉。
❺ 加入淡忌廉、酸忌廉、蒜粉、洋葱粉、盐及黑胡椒，拌匀至滑溜质感，上碟备用。
❻ 用中火烧热锅，加少许油，加入猪扒煎至两面金黄色。
❼ 将猪扒推向锅边，锅中间加入洋葱炒至焦糖化。
❽ 将洋葱及猪扒放在薯蓉上。
❾ 用中火烧热锅，加少许油，炒香干葱，加入红酒及意大利黑醋煮至微滚。
❿ 当煮至分量减少一半时，加入蜜糖拌匀，加入盐及黑胡椒。
⓫ 在猪扒上洒上蜜糖黑醋汁即成。

萝卜鲫鱼汤

鲫鱼肉嫩味美，适合炖汤，集美味与养生为一身，增加了清甜的萝卜后，汤的味道更加鲜美，味道倍赞！

食材

鲫鱼	1条
白萝卜	200克
大葱白	30克
姜	20克
香菜	1根
料酒	10毫升
白胡椒粉	1茶匙
盐	适量

做法

❶ 鲫鱼洗净；白萝卜洗净，去皮切块；大葱洗净切丝；姜去皮切片；香菜切末。

❷ 热油锅，爆香大葱丝、姜片，下鲫鱼，煎至两面金黄。

❸ 加入足量的水，没过鲫鱼，大火烧开，转小火，加入料酒、白胡椒粉，炖20分钟。

❹ 加入萝卜，再炖15分钟，至萝卜黏软。

❺ 放盐调味，出锅，撒上香菜，即成。

迷迭香烤羊排

用迷迭香烤羊排，羊排不仅能散发出肉质的香气，而且还伴着迷迭香的味道，让人有一种置身异域的感觉。

食材

食材	用量
羊排	6块
蒜头	6瓣
新鲜迷迭香	30克
橄榄油	适量
盐及黑胡椒	适量

配菜食材

食材	用量
◎土豆	1个
◎芦笋	8根
◎蒜头	2瓣
◎黄油	20克
◎盐及黑胡椒	适量

做法

❶ 预热烤箱至200摄氏度。羊排洗净，用厨房纸吸干多余水分，撒上盐、现磨黑胡椒，腌制15分钟。

❷ 迷迭香摘下叶子，留两根装饰，将迷迭香叶子和蒜混合切碎。

❸ 将混合好的迷迭香叶子和蒜，均匀地抹在羊排上，包上保鲜膜，放入冰箱腌制40分钟。

❹ 制作配菜：蒜切末；土豆洗净去皮切块；芦笋切去根部。

❺ 取一个锅，融化黄油，炒香蒜末，加入土豆翻炒至表面微上色及身软，加入芦笋翻炒均匀。

❻ 加黑胡椒、盐调味，翻炒至蔬菜完全熟透，盛出装盘。

❼ 取一个锅，倒入橄榄油，将腌制好的羊排煎至两面金黄。

❽ 放在烤盘上，放入烤箱，烤15-20分钟，直至羊排完全熟透。

❾ 在羊排骨头处包上锡纸，装在放好蔬菜的盘子里，用迷迭香装饰，即成。

牛油果芝士火腿吐司

牛油果素有“森林黄油”之称，营养丰富，富含维他命E，能美容养颜。牛油果与火腿是最佳拍档，绵密柔软的吐司包裹在外面，咬上一口便能感受到微咸的芝士火腿混合吐司自然香气的味道，于是让人忍不住一口接着一口。

食材

吐司 ………… 4片
牛油果 ………… 2个
芝士 ………… 2片
火腿 ………… 2片
鸡蛋 ………… 2个
盐及黑胡椒 ………… 适量
黄油 ………… 适量

做法

❶ 预热烤箱至220摄氏度。
❷ 取一个平底锅，加黄油，融化。
❸ 煎鸡蛋，至双面全熟，盛起备用。
❹ 取两片吐司片，放上火腿片、双面煎蛋、芝士片。
❺ 然后和剩下两片吐司一起放入烤箱，烤6分钟，至芝士融化。
❻ 牛油果去皮，去核，加入盐、黑胡椒，打成泥。
❼ 在另外两片吐司上抹上牛油果泥。
❽ 盖在放有火腿、鸡蛋和芝士的吐司片上，稍微压平。
❾ 沿对角线切开，装盘即成。

螃蟹紫菜粥

红毛蟹是深海里多年生的蟹产品，据说在日本享有“国宴蟹”的美称。蟹粥是海南的一大特色风味小吃，鲜活的红毛蟹，配以紫菜熬煮，挥溢着香浓蟹香，再咬一口蟹肉，咸淡适中，无需佐料也能征服无数味蕾。

食材

白米饭……1碗
红毛蟹……2只
小青菜……2棵
水……800毫升
姜……20克
小葱末……5克
紫菜……适量
调味料
◎料酒……10毫升
◎生抽……10毫升
◎盐及胡椒粉……适量

做法

❶ 红毛蟹洗净，去壳切成四块。
❷ 姜去皮切片。
❸ 青菜洗净，切成四条。
❹ 取一个锅，倒入水，烧开，倒入米饭，大火烧开后转小火煮15分钟，中间搅拌2-3次，防止粘锅。
❺ 放入切好的红毛蟹、姜片、料酒，煮5-10分钟，关火，盖上锅盖，焖5分钟。
❻ 放入青菜、盐、胡椒粉、生抽，搅拌均匀，煮5分钟。
❼ 出锅，撒上葱花，即成。

奇异果杏仁隔夜燕麦粥

多睡半个小时vs自己在家做早餐吃，你选择哪个呢？想吃又没有闲情逸致的人可以尝试这种无需烹煮，而且自主选择性强的燕麦粥哦。只需几分钟，一碗集奇异果、杏仁、燕麦于一身的早餐粥便可大功告成，既可以减肥，又可以美白，而且营养价值高。

食材

酸奶 …… 200克
生燕麦 …… 100克
杏仁露 …… 100克
美国熟杏仁 …… 60克
奇亚籽 …… 60克
蜂蜜（或枫糖浆）…… 20克
蓝莓 …… 20克
奇异果 …… 3个

做法

❶ 取两个杯子，放入生麦片，倒入杏仁牛奶、酸奶，搅拌均匀。
❷ 放入奇亚籽。
❸ 2个奇异果去皮打成泥，倒入杯中，用保鲜膜包好，放入冰箱冷藏一晚。
❹ 剩下1个奇异果切片（切丁），杏仁切碎，装饰在隔夜的燕麦粥上。
❺ 放上蓝莓，淋上蜂蜜（或枫糖浆）即成。

圣诞树根蛋糕

树根蛋糕据说是由法国人发明的：一个买不起圣诞礼物的年轻人为了赢得心仪姑娘的芳心，在森林里捡了一块木头送给她，最后赢得芳心。树根蛋糕是圣诞节的传统甜点，绵软的蛋糕层层包裹着巧克力，使巧克力的味道更加浓郁醇厚。

食材

蛋糕食材

蛋清	120克
细砂糖	50克
杏仁粉	22克
糖粉	20克
低筋粉	20克
可可粉	5克
淡奶油	10克

奶油食材

◎蛋清	62克
◎细砂糖	88克
◎黄油	313克
◎巧克力原片	60克

装饰食材

◎防潮糖粉	适量
◎圣诞装饰	适量

做法

❶ 预热烤箱至220摄氏度。

❷ 制作蛋糕：90克蛋清加50克细砂糖打发，筛入杏仁粉、糖粉、低筋粉、可可粉，拌匀。

❸ 慢慢倒入30克蛋清、淡奶油，拌匀。

❹ 取一个烤盘，铺上油纸，将拌好的料倒在油纸上，抹平，放进烤箱烤10分钟，至表面金黄色。

❺ 出炉，在表面盖上一张油纸，并将整张蛋糕坯翻面，备用。

❻ 制作奶油：黄油加糖打发，至黄油发白。

❼ 慢慢加入蛋清，至黄油和蛋清完全融合。

❽ 将巧克力隔热水融化。

❾ 慢慢倒入融化的巧克力，至完全融合，盛出即可。

❿ 取一张干净的油纸，铺上蛋糕卷皮，均匀地抹上制作好的奶油，将蛋糕卷皮卷起来，并收紧。

⓫ 将剩下的奶油，裱在蛋糕卷外面，拍上防潮糖粉，放上圣诞装饰，即成。

英式布丁

看过《爱情厨房》的人都会对影片中无处不在、味道令人惊叹的英式甜品Trifle充满好奇。Trifle是英国的传统甜品，特别之处就是将各种自己喜欢的水果、蛋糕、奶油美妙地组合在一起，每一勺都有多种滋味融合，惊喜无限。装在透明的容器中，多样食材的绚丽搭配也十分吸引眼球。

食材

芝士蛋糕 …… 1块
梨 …… 2个
蜂蜜 …… 30毫升
树莓 …… 100克
蓝莓 …… 100克
饼干 …… 50克
酸奶 …… 30克
甜奶油 …… 200毫升
柠檬 …… 1个
薄荷叶 …… 2片

做法

❶ 将芝士蛋糕切成小块；饼干随意掰碎；蓝莓洗净，备用。
❷ 梨洗净去皮去核切丁；柠檬榨汁。
❸ 将蜂蜜、柠檬汁拌匀，倒入切好的梨，腌制20分钟。
❹ 打发甜奶油，拌入酸奶，搅拌均匀。
❺ 取一个透明的容器，依次放入芝士蛋糕碎、腌好的梨、饼干碎、蓝莓、树莓，盖上酸奶奶油，高度至玻璃容器的一半。
❻ 重复上一步骤，至玻璃容器填满，放入冰箱冷藏2小时左右。
❼ 取出，在最顶部用蓝莓、树莓、薄荷叶装饰，即成。

虫草花淮山杞子鸡汤

虫草花平喘止咳，可以缓解疲劳，适合经常用脑和长期使用电脑的白领上班族服用。肉质鲜嫩的鸡肉，散发虫草花独特香味的鸡汤，让你感受冬日里的温暖。

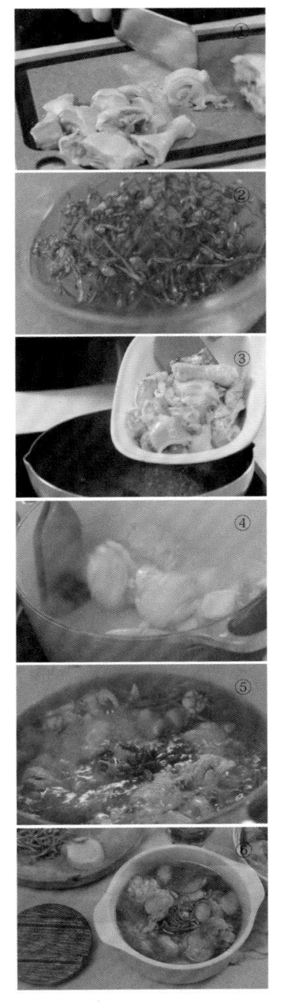

食材

小鸡……半只
虫草花……10克
干淮山……10克
枸杞……5克
姜……20克
盐……适量

做法

❶ 小鸡洗净，剁成小块，汆水，捞出备用。
❷ 虫草花泡在水中10分钟沥干备用；枸杞洗净沥干备用；姜去皮切片。
❸ 加油热锅，爆香姜片，放入鸡肉，翻炒至鸡肉表面微上色。
❹ 放入淮山、虫草花，加入足量的水，大火烧开，转小火盖上锅盖，煮2小时。
❺ 加入枸杞，再煮15分钟，放盐调味。
❻ 出锅即成。

冬瓜红枣羊肉汤

寒冷的冬日喝上一碗羊肉汤绝对是最温暖的慰藉。搭配性寒的冬瓜，恰恰可以中和羊肉的燥热，再加入红枣，既滋补又能去除羊肉的腥味，使汤品更营养鲜美。

食材

羊肉片	100克
冬瓜	200克
红枣	4颗
枸杞	6颗
姜	20克
大葱	20克
小葱	1根
盐	适量
白胡椒粉	3克
香油	适量

做法

❶ 羊肉片洗净；冬瓜洗净，去皮、去瓤切块。
❷ 姜去皮切片；大葱切丝；小葱洗净切末。
❸ 取一个碗，放入羊肉片、姜片、大葱丝、白胡椒粉，拌匀，腌制15分钟。
❹ 取一个锅，加入足量的水，放入冬瓜、红枣，大火烧开后转小火，盖上锅盖，煮10分钟，放入羊肉片、枸杞，搅拌均匀，煮5分钟，撇去浮沫，加盐调味。
❺ 盛出，滴上香油，放上小葱末，即成。

西红柿炖牛肋骨

炖牛肉最好的部位是牛肋条，其肥瘦适中，口感扎实。这道炖菜整体色泽红亮，牛肉软绵香嫩，天冷了，酸甜的西红柿牛肋汤一定让你胃口大开。

食材

牛肋骨	400克
西红柿	4个
洋葱	½个
蒜头	4瓣
八角	2个
姜	20克
小葱末	10克
料酒	30毫升
生抽	20毫升
盐	适量

做法

❶ 西红柿洗净，去蒂，切块。
❷ 牛肋骨洗净沥干后剁块。
❸ 姜去皮切片；洋葱去皮切块。
❹ 取一锅水，加入10毫升料酒，汆牛肋骨，牛肋骨捞出沥干。
❺ 热油锅，爆香姜片、蒜瓣，下牛肋骨，翻炒均匀，至牛肋骨表面微焦。
❻ 下洋葱、一半西红柿，快速翻炒。
❼ 加入足量的水至没过所有食材，放入八角、料酒、生抽，大火烧开后转小火，盖上锅盖，煮60分钟。
❽ 开盖，加入剩下的西红柿，煮10分钟，大火收汁，加入盐调味，拌匀，出锅装盘，撒上小葱末，即成。

海鲜一品锅

海鲜烹饪方法多样，但冬日最适合不过的还是中式的炖法。取冬季时令蔬菜大白菜和蟹、虾、鱼等几种海鲜炖在一起，将海鲜的美味淋漓尽致的发挥，让整个汤都散发着浓浓的鲜味。

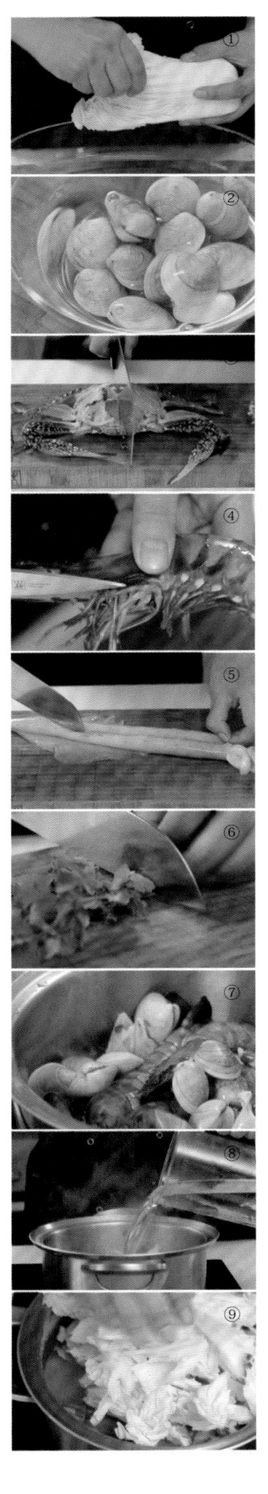

食材

白菜 ……………… ½棵
白蛤 ……………… 12个
明虾 ……………… 3只
梭子蟹 ……………… 1只
鲜鱿鱼 ……………… 1只
香菜 ……………… 1根
姜 ……………… 20克
大葱 ……………… 20克
白胡椒粉 ……………… 5克
料酒 ……………… 20毫升
盐 ……………… 适量

做法

1. 白菜洗净撕成小片。
2. 白蛤泡在盐水中30分钟吐沙。
3. 梭子蟹开盖，去除内脏和腮，切成四块，洗净蟹壳。
4. 明虾洗净，剪去虾须、虾脚，背部开刀，去虾线。
5. 鲜鱿鱼洗净，切大块，表面开十字花刀，鱿鱼须切段。
6. 姜去皮切片；大葱切段；香菜切末。
7. 热油锅，爆香姜片、葱段，加入梭子蟹、明虾、白蛤，快速翻炒2分钟。
8. 加入足量的水、料酒，没过所有食材，大火烧开后转小火，盖上锅盖炖20分钟。
9. 放入白菜、鱿鱼，炖5分钟。
10. 加入白胡椒粉、盐，调味拌匀，出锅，撒上香菜末即成。

红枣黄豆猪蹄汤

猪蹄含有丰富的胶原蛋白，具有美容养颜的作用，添加补血的红枣和黄豆，既可以减少猪蹄的油腻感，又增加汤的营养价值。把猪蹄煮的久一些，吃起来口感更鲜嫩软滑，味道更清甜鲜香。

食材

猪蹄……1个
红枣……6颗
黄豆……30克
姜……10克
盐……适量

做法

❶ 黄豆、红枣洗净，泡在水中20分钟，沥干备用。
❷ 姜去皮切片。
❸ 取一个锅，加入足量的水，汆猪蹄，捞出冲凉，备用。
❹ 在锅中放入汆好的猪蹄、姜片、黄豆，倒入足量的水，大火烧开后转小火，盖上锅盖，煮2小时。
❺ 加入红枣，再煮30分钟。
❻ 放盐调味，出锅即成。

黄芪冬瓜炖排骨

黄芪，作为补气药最为常用，具有益气固表、利水消肿的功效。此汤融入了黄芪的甘甜及其药用价值，加上排骨中动物蛋白的补充，非常适合女性朋友冬日进补喔！

食材

小排 ………… 300克
冬瓜 ………… 200克
黄芪 ………… 30克
红枣 ………… 6颗
枸杞 ………… 5克
香菜 ………… 1根
盐 ………… 适量

做法

❶ 冬瓜洗净去皮切块；香菜切段。
❷ 小排洗净备用。
❸ 取一个有深度的锅，加少许油，煎小排至微上色。
❹ 放入黄芪、冬瓜、红枣，加入足量的水没过所有食材，大火烧开后转小火，盖上锅盖，炖50分钟，至冬瓜黏软。
❺ 加入枸杞，再煮10分钟，放盐调味，拌匀。
❻ 出锅，香菜装饰，即成。

栗子胡萝卜炖猪蹄

栗子对人体的滋补功效，可与人参、黄芪、当归等媲美，对肾虚有良好的疗效，故又称为“肾之果”。胡萝卜营养丰富，素有“小人参”之称。猪蹄富含胶原蛋白，是公认的美容圣品。这道栗子胡萝卜炖猪蹄着实为美味又滋补的冬季佳肴。

食材

猪蹄块	300克	生抽	15毫升
板栗	200克	小葱末	适量
胡萝卜	1根	盐	适量
八角	2个	腌猪蹄食材	
香叶	1片	◎黄酒	30毫升
去皮姜片	10克	◎去皮姜片	10克
冰糖	10克	◎白胡椒粉	5克
小茴香	5克	◎盐	适量

做法

❶ 胡萝卜洗净切滚刀块。
❷ 取一个碗，加入猪蹄块，放入腌料，拌匀，腌制20分钟。
❸ 取一块纱布，将八角、香叶、小茴香、去皮姜片包起来，用线绳扎紧，做成料包。
❹ 热油锅，下腌制好的猪蹄块，大火翻炒2-3分钟，放入炖锅中。
❺ 炖锅中加入冰糖、生抽、料包、板栗，加入足量的水，没过所有食材，大火烧开后，转小火，盖上锅盖炖60分钟。
❻ 加入胡萝卜，煮半小时，至板栗、胡萝卜黏软。
❼ 放盐调味，出锅取出料包，撒上小葱末，即成。

关于◎爱生活的边边

从上学的时候起身边的朋友们都叫我边边，是一个有点理想主义情结的伪文艺吃货。

Evan 出生后我辞去了工作，把更多的时间和精力转向了家庭。为了能在孩子最初的味觉记忆中种下专属的“妈妈的味道”，开始研究美食、学习烘焙，努力做一个让宝贝和家人幸福温暖的妈妈 。

我坚信为家人制作食物是一件非常重要的事情，厨房里的烟火袅袅，不只是日程表上的机械程序，它是生活中细碎的美好，是孩子脸上满足的笑！简单的生活值得我们用心经营！

妈妈的一碗热汤

春生夏长，秋储冬藏。由于免疫力下降，冬天似乎比其他季节更容易生病，作为一个母亲，我深刻知道冬季为家人做好饮食调养的重要！北方的冬天异常干燥，补水便成了头等大事，边边家的食谱是早餐必有粥，晚餐必有汤。食材的选择上也是遵循自然规律，萝卜、山药、各种的菌菇、羊肉，都是我家冬季餐桌上的常客。

我家有个三岁的宝贝，从小脾胃就不好，所以早餐我都会换着样的煮上一锅热粥。维生素全面的蔬菜粥，肉香四溢的咸饭粥，香甜的红薯粥、南瓜粥，富含膳食纤维的粗粮粥，均衡了营养的同时也在寒冷的冬季早晨给了家人温暖的慰藉。其中一款具有养生和治疗功效的养肾乌发粥，我多次推荐给朋友们，也得到了很多朋友的积极反馈。主料一共六种，大家只要记住“四黑二白”，其中“四黑”是黑米，黑豆，黑花生，黑芝麻；“二白”是山药和大米。煮的时候也是先煮“四黑”，黑豆和黑花生煮糯后再加上“二白”熬成粥就可以了。中医讲究冬季养肾应多吃黑色食物，这个粥尤其适合！

我是地道的北方姑娘，小时候家里没有煲汤的习惯，在南方念大学的时候，每到周末会跟我闺蜜舟回家改善伙食，那时候最暖心的就是每次吃饭前舟妈递到我手上的那一碗热汤。上火长痘了会给我煮老鸭汤，特殊的日子里的养血猪肝汤，还有我爱吃的墨鱼肉饼汤、萝卜排骨汤，那时候觉得阿姨简直是万能的，而我对食疗养生的一些概念也是那个时候开始建立起来的。冬季适宜选用温和的食物滋补，但不宜盲目进补，煲汤的时候可以适当地放些红枣、桂圆、枸杞、洋参片，还有大小朋友都喜欢的花生、核桃，板栗用来煲汤也是很好的。不过滋补的汤也不适合每天都喝，平时也要穿插一些清淡的汤类，比如蔬菜汤、鲫鱼豆腐汤之类的。

除了容易生病，冬天还是一个让人容易长胖的季节。一到冬天脂肪就开始任性妄为，面对外面的低温天气，面对热乎乎的火锅的诱惑，真的不容易抵挡住诱惑，夏天辛苦减下去的体重眼看着就要回归。既然戒不掉火锅，也只能想办法刮油了，可以试试把平时爱喝的咖啡或奶茶换成减脂的炒米茶。做法也超级简单，就是把家里的大米洗净淋干水分，放进锅里炒至焦黄，用炒米代茶用热水冲泡着喝，解腻刮油的效果还是很理想的。

滋补羊肉粥

食材

大米……………………一杯（200g）
羊肉……………………150g
山药……………………100g
胡萝卜……………………100g
芹菜……………………50g
盐……………………5g
酱油……………………15ml
葱姜……………………适量

做法

① 羊肉和所有蔬菜切丁备用，如果家中有宝宝或牙齿不好的老人也可以切成碎末；适量葱姜切末备用。
② 大米放冷水浸泡15分钟，之后放入锅中，加入2.5L的水，熬煮10分钟。
③ 炒锅中放少许油，炒香葱姜末后放入羊肉炒至变色，放入胡萝卜煸炒一分钟，加入酱油，继续炒一分钟后关火。
④ 将山药丁和炒好的肉丁、胡萝卜丁倒入煮至5分熟的米粥里搅拌均匀，继续熬煮10分钟。
⑤ 加入盐和芹菜丁，搅拌均匀即可关火享用啦！

这款粥营养均衡，养胃滋补，非常适合冬季食用。

潮州卤水鸭腿

食材

八角 …… 6个
卷心菜 …… ½个
香菜 …… 适量
蒜头 …… 2瓣
南姜 …… 100克
黑胡椒 …… 1汤匙
鸭腿 …… 2个
干葱头 …… 100克
鸡汤 …… 1升
老抽 …… 100毫升
生抽 …… 300毫升
陈皮 …… 1片
小茴香 …… 1汤匙
香菜籽粉 …… 1汤匙
肉桂粉 …… 1汤匙
盐 …… 适量
昆布袋 …… 1个
蜂蜜(蘸酱材料) …… 1汤匙
蒜末(蘸酱材料) …… 1茶匙
葱花(蘸酱材料) …… 适量
白醋(蘸酱材料) …… 2汤匙
小尖椒(蘸酱材料) …… 1茶匙

做法

❶ 把姜切片；卷心菜切薄丝；小尖椒切丁备用。
❷ 将鸭腿洗净沥干水分，用盐搓鸭皮表面，腌制一晚备用。
❸ 将蒜头、干葱头、姜片、陈皮、八角、小茴香、黑胡椒、香菜籽粉和肉桂粉放入昆布袋。
❹ 把鸭腿放入加水的汤锅里，加入调料昆布袋、老抽、生抽和鸡汤，煮开转中小火，盖上锅盖，焖煮 1.5 小时。
❺ 蘸酱：将蒜末、辣椒碎、蜂蜜、白醋和葱花拌均。
❻ 装盘，放上卷心菜丝、鸭腿，撒上香菜，搭配酱料汁即可享用。

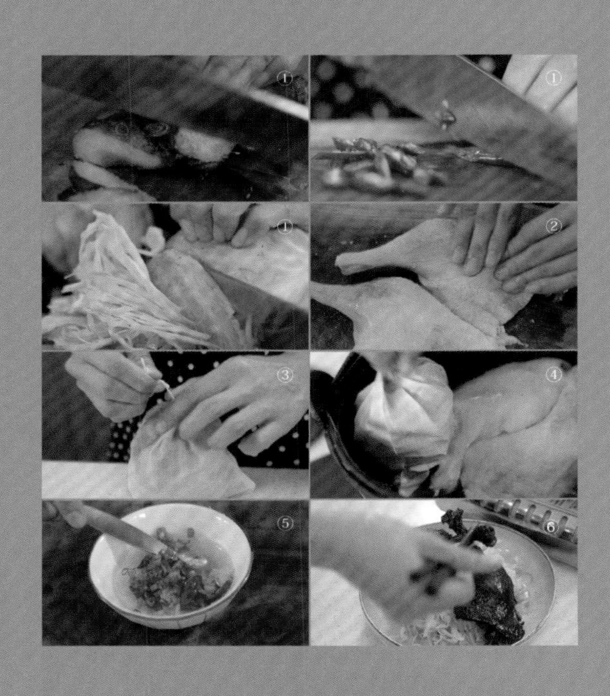

DayDayCoo
煮
ZHU

致谢，

新的一年，
致亲爱的你们 & 更好的自己

很多人都说做自己喜欢的事情是种“幸运”，因为我从小爱做菜，就把这件“小事”做成了“事业”。

不错，这件“小事”，我们从 2013 年开始，到现在已经做了 3 年。现在，我们拥有超过 3500 条的原创视频食谱，每月超过2亿人次观看“日日煮”的内容，并覆盖了全球 60 多个国家和地区的美食爱好者。世界上从来没有一蹴而就的事，但我知道，日日煮就是传递美食生活的种子，正一点点地散发着快乐魔力。这份“事业”伴随着满满的幸福感，正影响着更多年轻人走进厨房。这对我来说，真的是“意料之外”的最高级别的肯定。

2012 年年底，在周遭人质疑的眼光中我辞去外企银行的高薪职位，在我家“客厅”里宣告成立了“日日煮”。从那天开始，我自己成长了不少；同时眼看着身边和我一起努力奋斗的小伙伴们也一起经历了很多考验，大家变得更懂事更能干，这也是我这几年来最大的满足感之一。

2015 年年初我决定要进入内地市场，让“日日煮”继续感染更多的年轻人去享受极致生活的乐趣。在拓展内地市场的过程中，我瘦了不少，每月需要在香港、上海、北京之间，扮演“空中飞人”

的角色。高强度的工作会让我偶尔醒来忘记身在何处。但谁让我是天蝎座呢，越是辛苦，越会激发内心的坚定！如何让“日日煮”更好地成长？如何沉下心做更有趣的内容？如何让用户得到到更优质的体验？这些问题一直都让我保持敏锐，而思考、决策的过程也让我也变得更加理性和果断。

2016 年里发生了很多事，对我来说最让人难忘的时光，就是与煮粉（“日日煮”的粉丝）在一起的时间。今年，我们在上海、广州、北京、深圳做了线下粉丝见面会，有超过 1000 人与我们相聚在一起，分享自己与“日日煮”的故事。藉由对美食的喜爱，我们从五湖四海走到一起。有件事特别让我感动，记得一位“煮粉”是当天一早打飞的来到活动现场，晚上又打飞的回到自己的城市，一路奔波只为了与我们相聚短暂的 3 小时……

一直以来，我都觉得自己很“幸运”，这份“幸运”也是我们强大、稳健的团队所带给我的。在我们团队中，有一个不变的信条——work hard，play hard,then work harder。想起和伙伴们共渡的时光，我的嘴角总是不禁微微上扬。就是在这样轻松、平等、积极又上进的氛围中，“日日煮”一步一步走到了今天。

常常有人给我们留言说，“日日煮”改变了他们的生活态度，让他们更愿意为所爱的人烹饪美食，更注重家居生活中的细节和美感，也更懂得发掘寻常日子里的点滴幸福。如此褒奖简直让我受宠若惊，同时也让我更加坚信：用心做的内容，总会邂逅用心的人。“日日煮”也许陪伴了你 3 年，也许你刚刚打开这本书，才知道“日日煮”，但我相信，就在你认识“日日煮”的这一刻起，你一定会有所收获。也许是看了我们食谱后，和家人一起分享家庭大餐；也许是闺蜜突然拜访，你和他们一起动手做了杯子蛋糕当下午茶；也许是晚上回家，给自己做了一个快手面，或者可能什么都没做，只是看了我们的视频觉得很好玩……这些都是快乐的种子，都是我们为什么聚在一起的原因。

日日煮，为传递生活的快乐而生！
2017，让你我挖掘更多惊喜！

Happy
cooking！